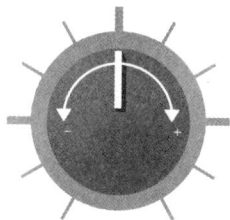

赢在
自控力

李建珍 ⊙著

辽宁人民出版社

Ⓒ 李建珍　　2016

图书在版编目（CIP）数据

赢在自控力 / 李建珍著 . —沈阳：辽宁人民出版
社，2017.1
ISBN 978-7-205-08832-3

Ⅰ . ①赢… Ⅱ . ①李… Ⅲ . ①自我控制—通俗读物
Ⅳ . ① B842.6-49

中国版本图书馆 CIP 数据核字（2016）第 307579 号

出版发行：辽宁人民出版社
　　　　　地址：沈阳市和平区十一纬路 25 号　邮编：110003
　　　　　电话：024-23284321（邮　购）024-23284324（发行部）
　　　　　传真：024-23284191（发行部）024-23284304（办公室）
　　　　　http://www.lnpph.com.cn
印　　　刷：北京嘉业印刷厂
幅面尺寸：170mm × 240mm
印　　张：15
字　　数：216 千字
出版时间：2017 年 1 月第 1 版
印刷时间：2017 年 1 月第 1 次印刷
责任编辑：蔡　伟
装帧设计：思源工坊
责任校对：吴艳杰
书　　号：ISBN 978-7-205-08832-3

定　　价：38.00 元

序

　　如果问：你觉得什么样类型的人自控力强？是否会想到各行各业的成功人士？比如：历史人物、政坛领袖、商界代表、运动健儿……

　　奥运会上的伟大运动员：双足惨不忍睹的博尔特、全年无休每天练习八小时浑身伤痛爱上拔罐的菲尔普斯、拿过37枚金牌脚筋断裂挨过手术刀的刘翔、打了11针封闭一声不吭坚持比赛的张怡宁、腰痛到睡不着觉开会只能趴在长凳上不能坐却坚持打比赛的张继科、连春节都在进行训练的马龙……他们无不是自控力强的人。

　　有一条著名的"1万小时定律"。

　　作家葛拉威尔在《异数》一书中指出："人们眼中的天才之所以卓越非凡，并非天资超人一等，而是付出了持续不断的努力。只要经过1万小时的锤炼，任何人都能从平凡变成超凡。"就是说，要成为某个领域的专家，至少需要1万小时以上的专注。按比例计算就是：如果每天工作4个小时，一周工作5天，那么成为一个领域的专家至少需要10年。这就是"1万小时定律"。

　　英国神经学家Daniel Levitin认为，人类脑部确实需要这么长的时间，去理解和吸收一种知识或者技能，然后才能达到大师级水平。

再来看看艺术家，大画家达·芬奇，远超过1万个小时的练习，打下了扎实的基本功，这才有了后来的世界名画《蒙娜丽莎》《最后的晚餐》……

股神巴菲特、微软创办人比尔·盖茨、苹果的乔布斯……每个人都在他们的领域，投注超过1万小时的专注力，专注地阅读、思考、研究、实践，才有后来的成就。

每个领域最优秀的人才都是从最简单最枯燥的重复中掌握了达到最高深技艺的途径。

在里约奥运会上，羽毛球冠军谌龙有一个让人争议的片段，在他打赢丹麦选手阿塞尔森之后，只回答记者一个问题就消失了，许多人指责他要大牌，等他获得冠军后，他解释：他需要静心。很多运动员进入奥运村后，关了手机，断了与外界的联系，直至他们赢得比赛才开机。事实证明，在名利面前，能控制住自己内心的人才能获取更大的胜利。

在现时代，顶尖人才竞争的激烈程度超乎想象。

作为普通人的我们，有什么理由荒废自己的时间呢？

另有一个"夜晚两小时"的著名理论是这么说的：人的差别在于业余时间。晚上8点到10点之间的两小时，你在做什么，决定了未来你会成为什么样的人。每晚抽出两个小时，专注地进行某方面的阅读、进修、思考，或参加有意义的事，你会发现你的人生逐渐发生变化。

不能指望"夜晚两小时"会帮助我们成为某领域的领军人物，但合理利用这时间，一定会让我们成为健康的人，有用的人，小有成就的人。

可惜，太多的人抵挡不了美食的诱惑，吃吃吃，把自己吃胖，吃成"吃货"；太多的人抵挡不了手机电脑的诱惑，在游戏和八卦新闻面前失控了，不断玩游戏，不断刷微信，刷微博，刷空间，时间一秒、一分、一小时，一天、一月、一年地过去，虽然也会告诫自己不要浪费时间，但一拿起手机，一打开电脑，就无法控制自己，直至把时间败光，再无比后悔：如果能有自控力，我一定做得不会差。可惜，就是少了应有的自控力。

自控力，是用意志力控制住内心的欲望，面对强者不卑不亢，有胆有识；自控力，是拥有大量财富，却控制住奢侈浪费之心，厉行节约的豪迈；自控力，是控制住自己向往红尘的心，付出时间精力比任何下属都多，用铁腕缔造传奇的体验；自控力，是知道"施比受有福"，控制住土豪心态，不炫富，不晒财，将自己的财富惠及他人的经历。

自控力，是坚持不懈，在平凡的岗位上做出不平凡的成就；自控力，是不浪费时间，日积月累，然后由一个画面就能激发一个灵感，成就一生的财富；自控力，是潜心修行，十年磨一剑，然后一飞冲天，一鸣惊人……

由自控力成就的成功，是你看他很容易，你想成为他却很难；成功，不是样板戏，没有绝对的标准，不要相信自己能简单复制别人的经历，轻易获得类似的成功，但要相信别人的经验可以借鉴。有句古话叫："知己知彼，百战不殆"，他人的经验是工作生活的《孙子兵法》，是为人处世的《资治通鉴》，亦是闲暇时的《闲情偶寄》……

阅读此书，相信你懂得：自控力，对成功人士来说，是多么重要，而对普通人来说，也是融入生活的方方面面。

愿每个人都能有足够的自控力，管理自己的情绪，控制懒散的心态，改变不良的习惯，体验成功和快乐。

目录 CONTENTS

目录　CONTENTS

目录　CONTENTS

目录 CONTENTS

目录　CONTENTS

第六章

教育的自控力

目 录　CONTENTS

目 录　CONTENTS

第一章

自控力：我要做，我不要，我想要

什么是自控力

自控力，是控制自己注意力、情绪、欲望的能力，是自我引导、积极向上的精神力量。自控力既要培养、坚持良好的习惯，同时又要抵制诱惑、克服缺陷、改掉坏毛病。

自控力是每个人都需要的，也是与生俱来的，然而，并不是每个人都有足够的自我管控能力。有人天性自控力弱，任何时候都管不住自己；有的人是在体力不够、精力不足时，比较容易出现软弱、自控力下降的现象；有人对自控力缺乏认识，更缺乏有意识的训练，导致学习、工作、生活出现不如人意的情况。

自控力涵盖面是非常广的。有时表现为有足够的胆量，去做某一项想做却一直没有勇气做的事情，比如鼓足勇气跟暗恋对象表白，跟老板提加薪或者辞职；有时表现为抵制各种诱惑，如开车时不看手机，不通宵达旦玩电脑游戏，不嗜食甜品，不做清仓大甩卖的接盘者，不做烟酒毒品的瘾君子，拒绝一夜情等；有时表现为抵抗压力，恢复良好心理和身体状态；有时表现为确立目标，追求更为美好的生活；有时表现为树立远人理想，并为理想而奋斗不息；有时表现为沉着冷静，不偏激发怒；有时表现为掌握大局，为自己的企业指引正确的方向；有时表现为控制住"大嘴巴"，该说的说，不该说的不说；有时表现为把握时机，戒除拖延症，该做的马上做，不该做的坚决不做。

自控力，说到底是与人类进化史中形成的"原始本能"博弈。

时至今日，人类依然和刚出现时一样，有着众多缺点，但长期进化中，我们的前额皮质得到改进，这是自控力最重要的神经学原理。

前额皮质，是位于额头和眼睛后面的神经区，它主要控制人体的运动，这就是自控力的表现。随着人类的进化，前额皮质不断扩大，扩大之后，就会有新的功能分区，会控制我们关注什么，想些什么，这样，我们就能更好地控制自己的行为。

斯坦福大学的神经生物学家罗伯特·萨博斯基认为，现代人大脑中前额皮质的作用是让人选择做"更难的事"。

做"更难的事"就是与"原始本能"博弈的自控力的表现。"原始本能"想躺在床上睡懒觉，做"更难的事"就会提醒他们应该起来去运动，或是吃早饭。"原始本能"面对美食，想敞开肚皮吃到自己满足为止，做"更难的事"会提醒他们要适量饮食，保持健美身材，或者餐后应该去做减肥运动。

前额皮质不是挤成一团的灰质，而是分成三个区域，分管"我要做""我不要"和"我想要"三种力量。

前额皮质的左边区域负责"我要做"的力量，能帮助处理枯燥、困难或者充满压力的工作。右边区域控制"我不要"的力量，能克制人的一时冲动。这两个区域同时控制"做什么"。第三个区域位于前额皮质中间靠下的位置，记录人的目标和欲望，决定人"想要什么"，这个区域的细胞活动越剧烈，自控力就越强。

很多医学上的案例表明：前额皮质遭到损伤，人的自控力就会受到损害，甚至会变成跟往常截然不同的自己。

作为成功人士，成功要素中断然少不了一点——自控力。无法想象没有自控力的人能扛得住压力，抵得住诱惑，能带领团队战胜困难，在各种危机中迈向成功。

而普通人，自控力也体现在学习生活工作的方方面面，可以通过训练得以加强。

本书将通过一些真实的案例告诉读者：成功人士在自控力方面的优秀表现是如何为他赢得成功，而普通人应该怎样和"原始本能"进行博弈，以取得胜利，获得幸福。

在危机中，自控力促使你长成参天大树

在 2008 年那场经济危机中，美国很多名牌的大公司和不名牌的小公司倒下了，许多人把那次经济危机和 1929 年的世界大萧条危机相提并论，悲观的人似乎看不到有什么公司能够生存下来。然而，还真有公司存活，并且不断超越自己，超越别人，活得比谁都好，这就是全球零售业老大沃尔玛公司。

当世界上很多大企业的老板在四处融资的时候，沃尔玛的董事长罗宾逊·沃尔顿（Robson Walton）却成了空中飞人。仅在 4 月份，沃尔玛就在 14 个国家新开了 26 家商店，到今天为止，沃尔玛在全球商店总数达到了 7899 家。沃尔玛 1999 年就已经是世界上员工总数最多的公司。截至 2009 年 1 月 30 日，沃尔玛的销售额达到了 4012 亿美元。2008 年，金融危机席卷全球之时，沃尔玛的销售还增长了 7.2%，增长达到 270 亿美元。

不是所有的零售商都有这样的好运气，全球零售业老二家乐福，2008 年的利润下降了 44%，目前它的总利润只有沃尔玛的六分之一。

其实，沃尔玛不仅仅是在这次金融危机中表现优秀，它诞生以来经历了世界上大大小小的各种危机，可它不仅没有受到影响，反而更快地成长起来。

那么，它是怎么成为一棵在暴风骤雨中越来越挺拔的大树呢？这要从他的创始人山姆·沃尔顿（Sam Walton）说起。

1945 年，27 岁的山姆·沃尔顿从美国陆军退役。当兵前，他曾干过

两年的商业零售，退伍后他就想从事零售方面的工作。当时美国经济发达，零售业十分强大，知名公司有西尔斯、凯马特、彭尼、伍尔沃思，这些公司实力强、资格老。起初的山姆先生没有实力在大城市立足，他就把自己的出发点定在乡下。

沃尔顿夫妻拿出自己所有的积蓄，又从岳父那里借了两万美元，在美国罗得岛州南部的纽波特镇盘下一家叫"本·富兰克林"的濒临倒闭的杂货加盟店。山姆先生是做生意的天才，他很快就使杂货店走出困境，成为镇上最好的商店。然后，他在不同的镇里不断转手、盘下、新开"本·富兰克林"杂货店。1962 年山姆·沃尔顿手中有 15 家本·富兰克林杂货店，他与杂货店的老板谈判，要求有自主的进货权利。谈判失败，山姆先生只能退出"本·富兰克林"杂货加盟店，自己开店。就这样，1962 年，第一家叫"沃尔玛"的折扣店在阿肯色州的罗杰斯开张了。

在 20 世纪六七十年代，山姆先生主要在美国的小镇上开店。1983 年，实力具备后，他在俄克拉荷马州的中西部都市的市郊开了第一家山姆会员店，1990 年实力已经相当强大的沃尔玛才到市中心开店。后来，他发展的步伐越来越大，越来越快，1992 年，沃尔玛挺进海外，进入墨西哥市场。

一步一个脚印地夯实基础使得沃尔玛的下盘非常扎实，不需要融资，也不怕经济危机来袭。然而，作为一家大型企业，最需要的是忠心耿耿的员工，山姆先生在经历了一次新店即将开业，而招聘好的员工忽然全部罢工的危机后，明白了安抚好员工有多么重要，聪明的他毅然决定在沃尔玛"消灭"员工，将所有的员工变成合伙人。

他不仅大大提高员工工资，而且所有的员工都能分到企业的利润。于是，员工不再叫员工，改叫合伙人。在当时的美国人看来，山姆先生疯了，他让员工做了沃尔玛的主人，除了正常的工资、奖金外，每年都有丰厚的红利，到退休能拿几十万美元。此外，员工还可以每年用部分的红利低价购买公司的股票，而沃尔玛股票这十多年增长了上千倍，所以能进入沃尔玛是很多人梦寐以求的。这是沃尔玛成功的秘诀之一。试想，在自己做老板的企业里，谁会随便罢工？谁不肯尽全力去发挥自己的潜力和才能？

心往一块想，劲往一处使。很多企业都能做到这点，但是发展最好的只有沃尔玛，因为沃尔玛的成功还有其他秘诀——对待顾客的方式：坚持把节约下来的成本还利给顾客。有这么一个故事：在沃尔玛成立不久，根据天天低价的原则，店长将一双鞋定价1.98美元，这个价比同城其他的店便宜20%，但是，山姆先生却不同意。他认为这双鞋的进货价才1美元，所以只能卖1.3美元。店长说，我们已经比别人便宜了。山姆·沃尔顿却说，这不行，我们要将谈下来的好处全部给顾客……

控制住想"一夜暴富"的强烈欲望，靠着踏实、诚信的准则，沃尔玛在短短几十年间，从乡间杂货店成长为全球零售业老大，并且在经济危机中不断发展，成为屹立不倒的一面旗帜。成功的秘诀就这么简单。

跨国大企业 CEO 控制力的内涵与外延

在美国历史上，从来没有哪一任总统去解聘一位民营企业的 CEO。经济危机下的奥巴马成了第一个"吃螃蟹"的人，而通用汽车公司 CEO 瓦格纳也相应地成了被美国总统解聘的第一人。

56 岁的瓦格纳在通用工作 32 年，是一位公司上下有口皆碑的老好人。他担任 CEO 期间，继续让每位退休工人领取高额的养老金，还为全公司员工提供高额的医疗费。资料显示，通用汽车在职员工为 26 万人，而每月领取 3000 美元退休金的人员则达到 50 万人。2004 年，通用汽车在一辆车上要消耗 1528 美元的医疗保险和 695 美元的养老金，总计是 2223 美元。而丰田汽车在一辆车上消耗的是 201 美元的医疗保险和 50 美元左右的工人贡献奖金。2005 年数据显示，通用在一辆汽车上分摊的医疗保险数额是 1850 美元，养老金为 700 美元，总计 2550 美元。而丰田公司的平均医疗保险仍旧保持在每辆车 200 美元左右，为工人提供的奖励还是 50 美元。如此，通用和丰田在每款产品上的成本差距达到惊人的 2300 美元。这就足丰田在 2008 年将连续 77 年全球销量冠军的百年通用拉下马，让自己成为全球第一的关键因素。

通用汽车公司 CEO 瓦格纳不仅是一个性格温和、与人为善的好人，也是一个极具才华和雄心壮志的英雄人物，他高中时就以所有科目都是第一名的好成绩考入美国杜克大学，毕业后直接被哈佛商学院录取。"股神"巴菲特特别欣赏他的才干，曾写信对他表示支持。在 2006 年，通用公司销量下滑，瓦格纳自降一半的薪酬，到 2009 年，他更是只拿一美元的工资。2008 年 11 月，他到国会陈述困境，希望得到政府 300 亿美元的帮助时，有人指责他不该奢侈地乘私人飞机来。他马上接受意见，一个月后，他再次到国会时，连普通客机的经济舱都没有坐，是自己开节省能源的电动车去的。相对于那些将美国政府投入的扶持资金用来提高自己奖金的金融巨头来说，瓦格纳真是一个深具谦虚和清廉美德的企业领导人。

瓦格纳说："我要领导通用走出危机，通用将拥有一个伟大的未来。"他觉得自己对通用负有不可推卸的责任，所以他计划继续留任，并一直坚持到公司所有事务都步入正轨。

但是瓦格纳的雄心挡不住全球经济危机的侵袭，他成了末路的英雄，在残酷的弱肉强食的世界里，他带着他的善良、努力和顽强败走底特律。

追究他失败的原因，除了难以抵挡的经济危机、高额的经济负担外，还有通用汽车战略决策的失误：

首先，在 1980 年开始全球休闲越野车销售进入旺季，丰田和福特相继推出休闲越野车，而对于研发毫无技术困难的通用汽车来说，他们花了五年的时间才推出凯迪拉克越野车。然而，市场是无情的，他们推出这款高档越野车不久，由于油价的高速提升，越野车的市场需求下降，小型车、节能车的需求却不断上升，而通用汽车只在 1980 年推出一种叫"土星"的节能车，就这么一种品牌，却 5 年没有推新车型。还把大量精力放在推凯迪拉克、悍马这样昂贵的越野车上。

其次，通用汽车早在 1990 年就率先研发成功一款类似丰田普瑞斯那样的混合动力车，但他们却很快就放弃了混合动力车。不料，2006年开始，混合动力车的销售直线上升，2008年底，丰田的普瑞斯销售达到60万辆。而此时，通用汽车宣布到2010年，他们才有第一辆混合动力车，而且产量只能达到1万辆。

瓦格纳2003年接手通用，不到两年，这家百年老店便开始步入史上最糟糕的时代。2005年起连年亏损，2007年有了高达387亿美元的财年亏损，成为其百年历史上的第一大亏损额。曾担任过通用首席财务官的瓦格纳把宝押在了华尔街，希望资本市场能解决通用的现金流问题。不过"计划赶不上变化"，2008年美国次贷危机横扫华尔街，通用的资金问题变得一发不可收拾，2008财年继续亏损309亿美元。面对着这个庞大的"烂摊子"，瓦格纳向政府申请300亿美元的援助，奥巴马政府慷慨地付出134亿美元后，要求拿出一个切实可行的，看得见摸得着的改革方案，而瓦格纳温和的改革力度没能达到奥巴马政府的要求，于是上演了奥巴马政府干预企业，要瓦格纳辞职，由通用汽车的首席营运长亨德森接替瓦格纳出任首席执行长一职的事件。同时，奥巴马也只给亨德森60天时间，到6月1日，要拿出大刀阔斧的改革方案，否则通用汽车就有破产的可能。

于2008年标致雪铁龙净亏3.43亿欧元，法国最大的汽车制造商标致雪铁龙公司在瓦格纳发表辞职声明的前一天，宣布解除与首席执行官克里斯蒂安·斯特雷夫的合同。与斯特雷夫对无端被炒大声喊冤相比，瓦格纳很平静地接受了奥巴马政府的建议，并认为亨德森是一个很好的接班人。

身材高大的瓦格纳黯然离去的背影留给汽车业以及任何一个行业的启

示是：谦虚、善良、高尚是美德，会为个人赢得好名声，但绝非竞争社会克敌制胜的法宝。任何一个企业领导者想要将企业带向更高一层楼，不仅要有自控力，更要有对企业的控制力，这控制力靠的不是美德，而是应对任何恶劣环境，都能斩钉截铁做出"稳准狠"决断的能力。

花花公子的自控力

人们至今记得那部浪漫与性感结合，令全世界观众为之流泪的巨片——《泰坦尼克号》。人们记住了在船头"飞翔"的杰克与露丝，记住了那首主题歌《我心依旧》，也记住了好莱坞帅哥莱昂纳多·迪卡普里奥（Leonardo Dicaprio）。虽然，那以后，他也在不少影片中扮演了重要角色，如《纽约黑帮》《血钻》《罗密欧与朱丽叶》《无间道风云》《盗梦空间》《了不起的盖茨比》《华尔街之狼》《还魂者》《荒野猎人》等，这些片子有的得了大奖，有的票房收入很高，但是人们印象最深的还是《泰坦尼克号》中的那个穷画家、坏小子。

后来，莱昂纳多的负面绯闻渐渐超过他的电影成就。比如，和多位美女一起寻欢作乐；背上了"同性恋"的名号；与女朋友出门90%都是对方付账；到世界各地拍片，受到顶级奢华的接待，却老想免费蹭吃蹭喝蹭住……在人们眼里，他是一个"奶油小生""花花公子"好莱坞"最吝啬的男人"。

然而，当他再次出现在人们视野中的时候，却被冠以"好莱坞最环保的明星"的美誉，这有些令人吃惊，而他确实是好莱坞男影星中环保主义的领军人物。

他是在泰国拍摄《海滩》这部片子时开始对环保产生浓厚兴趣的，因为拍摄地的自然风光极为迷人。他说，如果这样的环境遭到了破坏，将令他非常痛心。

1997年，就是拍摄完《泰坦尼克号》同年，莱昂纳多制作了环保题材纪录片《第11小时》，影片访问了超过50名与地球生态学有关的科学家、思想家和政治人物，其中包括著名物理学家史蒂芬·霍金和前中央情报局局长詹姆斯·沃尔斯等。影片不但揭示了气候异常变化给人类社会带来的危机，还将对由此引发的，全人类共同面对的各种难题，都做了全球性的探索和深入研究。

他携这部环保纪录片登陆戛纳时，记者采访他是怎么来的，他说，先搭乘商务航班，然后坐跨海火车。他建议好莱坞明星尽量多坐普通航班，少乘私人飞机，多为环保而努力。

他认为："现今最重要的问题是怎么让人们少消费一些。购买商品要能问心无愧地说，我购买的商品中有一部分用于偿还我们欠自然环境的债。我们这一代人要抓住机遇，关心环境，并行动起来创造奇迹，否则将成为历史上最受谴责的一代人。"所以，早在1998年，他就创办了环保组织"莱昂纳多·迪卡普里奥基金会"。

在第81届奥斯卡提名名单上，备受看好的莱昂纳多未能以《革命之路》获得最佳男主角奖提名，但全球著名品牌"豪雅"还是聘任他为新的形象大使，在他签订的3年合作协议中规定，将产品版税以及他的部分个人收入捐献出来，共数百万美元，用以支持一个环保组织，对莱昂纳多来说，环保比奥斯卡更为重要。

作为一个环保主义者，莱昂纳多在赚钱时不忘保护环境，他在加勒比海附近购买一个 140 英亩的小岛，准备在上面建造一栋五星级旅游假日酒店。这家酒店的经营理念完全以环保为主题，不会对周边的自然环境产生任何负面影响，是名副其实的生态酒店。根据规划，这间酒店里一切能源都将是可以再生的，酒店运营所需的所有电力、自来水都将是循环利用，自给自足，电能将来源于风力发电，自来水将来自过滤后的海水。虽然投资不少，但莱昂纳多会尽自己所能去做。

除了酒店业之外，他也投资自己的老本行影视行业，而环保是他的首选。他是靠着《纽约黑帮》《飞行者》和《无间行者》的酬金，补贴环保影片《全球变暖》《水星球》与《第 11 小时》的。

莱昂纳多的吝啬与环保相结合的另一个典型表现是他的座驾——"万元小车"丰田 Prius，这款车在其貌不扬的外表下使用了传统的 1.5 公升汽油引擎以及不会产生废气的电动马达。在低速缓行时，电脑只会使用马达的动力行走，达到环保及低耗油的目的。这在推崇奢华的好莱坞绝对是一个另类。

他说："我努力以爱心来对待周围的世界。我的屋顶上有太阳能电池。我有一台独轮手推车，它排放出的二氧化碳气体比一般的汽车少 75%。我给妈妈、爸爸以及爸爸现在的妻子都买了那样的手推车。但我知道仅做到这一点还不够……"

莱昂纳多在环保方面的贡献毋庸置疑，他毫无悬念地获得了最杰出环保明星的称号，在他的影响下，更多的明星倡导环保，包括他在《泰坦尼克号》中合作过的女星温斯莱特，某年，温斯莱特在广告拍摄中被人欺骗披上高档的真皮草，而大发雷霆，要状告欺骗她的人。

在崇尚奢华的好莱坞，身体力行环保主义的莱昂纳多在这方面的自控力是超人的，绝不因为其他人的奢华生活而改变自己的环保作风。看看他的表现，我们也应思考：我能为环保做些什么？

艰苦太空，自控力强方能存活

他说："美国人对华人有这样一种印象——中国人做事做得再好，也很少能够成为领导者，而我则证明中国人同样可以成为领导者。"

他，就是焦立中（英文名 Leroy Chiao），他是美国 4 位有太空飞行经验的华裔宇航员之一（其他三位分别是王赣骏，物理学家，博士；张福林，机械工程学专业，参加过 7 次太空飞行；卢杰，物理学博士）。焦立中保持着至少 3 项纪录：第一个在太空行走的华裔宇航员，国际空间站的第一位华裔站长，第一位从太空投票选举总统的宇航员。另外，他还是在太空居住时间最久的美国宇航员之———15 年中他在太空的总时数是 229 天 8 小时 41 分钟。

焦立中 1960 年出生在美国威斯康星州密尔沃基市。父母原籍中国山东，20 世纪 50 年代移居美国。焦立中的父亲硕士毕业，母亲博士毕业，他和妹妹都是博士毕业。他的父母保持中国人的传统观念，认为念书最重要，小孩一定要念好书，要上大学。父母让他们接受良好教育的同时又鼓励他们要像美国孩子那样有远大理想。

1968 年，8 岁的焦立中从电视里看到美国人乘坐"阿波罗 13 号"飞船首次登上月球的盛况，那时候他就想，长大后也要成为一名宇航员。

1983 年，焦立中毕业于加州大学伯克利分校，获得学士学位；1985 年他获得硕士学位；两年后，未满 27 周岁的他获得化学工程博士学位。化学工程博士好像跟航天员并不搭界，但是，美国航空航天局（NASA）挑选航天员时特意分散专业，对象除了军队的飞行员，还包括物理、化学专家，医学研究者。

早在 1986 年，焦立中就曾提出当航天员的申请。1990 年，他终于从 2500 多名候选者中脱颖而出，进入 NASA 受训。1991 年，焦立中通过了 NASA 体能、心理测试各方面的严格甄选与考核，如愿以偿地成为一名正式航天员。

焦立中认为：天赋、努力和持之以恒，对宇航员来说都是很重要的条件，除此之外还有机遇。他得过的科研奖项数不胜数。从他宇航生涯前的科研成果可以看出太空总署为什么会选中他：1989 年，他在旧金山郊区的 Hexcel 公司工作时，参与了高级航天材料的开发，并研究出一种聚合复合精确光学反射器，能用来制作太空望远镜。1989 年，焦立中转到著名的劳伦斯·立弗莫实验室，参与一种纤维缠绕粗切片航空复合物的制造。1990 年他被列入世界科学工程名人录。在航天总署，他还参与了软件、装备、飞行数据等技术工作。

2004 年 10 月 14 日莫斯科时间上午 7 时 06 分，焦立中乘坐俄罗斯"联盟号"宇宙飞船升空并担任国际空间站站长，成为第一位华裔的空间站站长。焦立中后来接受记者采访时说："这是第一次由华人担任国际空间站站长，我感到很自豪……"

在国际空间站生活是非常艰苦的，并没有人们想象中那样风光。担任空间站站长这次是他的第 4 次太空之旅，他意外地发现国际空间站中食品严重不足，他和俄罗斯的一位宇航员不得不实行食量配额，每天食物减半并用糖果补充能量，如此节食半个月，每人都瘦了 5-10 斤，终于盼来俄罗斯货运飞船送来的2.5吨补给物品，这才解了粮荒。

正常情况下，在空间站，焦立中能吃到饺子等中国美食，享受他妻子为他准备的点心，但洗澡这类地球人做起来很方便的事情，他们却颇费周折。焦立中曾描述："需要像医院里给卧床病人那样用特殊的洗澡布来擦洗身体，洗头也是这样。能洗干净，但远不如洗热水澡来得舒服。"

在孤寂的太空中，不仅每天要做大量的运动保持体质，还需要很强的心理素质，否则一定待不下去。焦立中在太空中的休闲活动就是学中文，回来后他的中文水平提高了很多。

焦立中作为NASA的华裔宇航员，搭乘过哥伦比亚号、奋进号、发现号航天飞机和俄罗斯联盟号宇宙飞船，他四度升空、六次太空漫步，并担任国际空间站站长，6次太空飞行的总时间为228天，太空行走的总时间约41个小时。因表现出色，他多次受到美国航空航天局嘉奖：3次荣获太空飞行奖章，两次获得特别服务奖，3次获得个人成就奖。但他表示：自己并不看重金钱与荣誉。他说："我每次从太空中眺望地球时都会禁不住思考：在人的一生当中，到底什么东西才是最重要的。这使我的视野更加开阔，不再为琐事烦恼。"

与一些生长在美国，对中国不了解，甚至没有什么感情的华裔科学家不同，焦立中心中有着浓浓的中国情结。在太空站任站长时，他的呼号就是"山东"，每次在遥远的太空中听到地面传来清晰的"山东"的呼叫，他的心里就感到温暖。同事们问他："你的'山东'是什么意思？"他总是自豪地说："山东是我父母出生的地方，是我的故乡——中国一个美丽的省份。"

虽然焦立中在美国出生、长大，但还保留着明显的华人的习惯。他能熟练地使用筷子，夹水饺的时候也习惯性地在醋里蘸一下。他曾数次跟随父亲来中国，座谈的时候，虽然他是主角，但父亲一开口，他就默默地听着，从不多言。出门赶路的时候，他把父母让进"奥迪"车，自己和妹妹坐面包车。陪同的人说，焦立中身上中国味很浓。

他曾把一面五星红旗，一块用香港石英石雕刻的玫瑰花等表达中国人感情的纪念物带入太空。他平时喜欢中国优秀的文化艺术作品，包括电影、歌曲、戏剧以及相声。他还非常爱看成龙主演的功夫片。

现在焦立中已经从 NASA 辞职。问他将来的打算，他说他希望今后能多到中国来，到大学里进行交流访问，"这样我回山东的机会也就多了。"

这就是血液中永远流淌着中国赤子情的焦立中，无论科研还是做人，他都是世人的好榜样。他以自己强大的自制力成为一名出色的宇航员。

"闷声发大财"的低调阐释

对普通大众来说，他是个陌生人，但他的产品却与我们的生活密切相关，比如：网上购物、搜索新闻、预订酒店、购买机票、从自动提款机上取钱……

他是美国三大 IT 业巨头之一，他与比尔·盖茨有很多相同点。比如，都是大学辍学生；比如，他的资产也达数百亿美元……但，我们却不认识他。

不是由于他多么低调，多么神秘，而是因为他的产品从来没在大街上销售过——他卖的是数据库，这与微软公司的产品不同。

这个人就是世界第二大软件公司，最大数据库软件公司的老板——甲骨文公司（Oracle）的首席执行官拉里·埃里森（Larry J. Ellison）。

一个传奇人物，必有很多传奇故事相伴：

埃里森是美国犹太人，俄罗斯移民，1944 年 10 月 3 日出生在曼哈顿，他的未婚妈妈只有 19 岁。埃里森由舅舅一家抚养，在芝加哥犹太区中下阶层长大，那时贫富的差别没有现在这么巨大。学生时代的埃里森并没有显示出超人的素质和成绩，在学校他非常孤僻，独来独往，不过却十分注意打扮和享受，在别的孩子还是由父母理发时，他就请专业理发师打理。他读过三个大学，却没有拿到过一本文凭。

成功之后，埃里森的嚣张和粗野在硅谷和华尔街都是出了名的。他敢于让五角大楼的高级官员们为了他而推迟会议长达 45 分钟，甚至在菲律宾总统菲德·拉莫斯来访时，他竟然在一个小时后才在旧金山的宅邸里露面，然后又花了一刻钟去换衣服。2000 年，埃里森的个人财富曾一度超越比尔·盖茨，成为全球首富。不可一世的他在当年耶鲁大学的毕业典礼上令人瞠目结舌地鼓吹"读书无用"论。这篇演讲稿后来广为流传，被人称为史上最牛的演讲词。

他把所有的耶鲁大学毕业生看作是"失败者"，而对于他自己——"埃里森，这个行星上第二富有的人，是个退学生；比尔·盖茨，这个行星上最富有的人，也是个退学生；艾伦，这个行星上第三富有的人，也退了学，而你没有；戴尔，这个行星上第九富有的人——他的排位还在不断上升，也是个退学生。而你，不是……你们非常沮丧，这是可以理解的。因为你没辍学，所以你永远不会成为世界上最富有的人……我寄希望于眼下还没有毕业的同学。我要对他们说，离开这里。收拾好你的东西，带着你的点子，别再回来。退学吧，开始行动……我要告诉你，一顶帽子一套学位服必然要让你沦落……"演讲未结束，他就被保安撵了出去。

他不是一个喜欢安定稳定的男人，他不断跳槽换公司，虽然挣钱不多（在 20 世纪 60 年代，夫妇俩月收入合计 1600 美元），花钱却十分大方，他甚至借了 3000 美元购买一条 34 英尺的帆船。同时还在分期付款购买另一条小帆船。埃里森是一个完美主义者，他从来不操心账单，但他的妻子 Quinn 却受够了，1974 年他们离婚了。埃里森挽留她说："我会成为百万富翁的，如果你和我在一起，你可以得到你想要的任何东西。"但 Quinn 却不相信，不过她最后也没有后悔自己的选择。

32 岁以前，他一事无成，却以乐于享受、好勇斗狠、傲慢自大，喜欢和漂亮女人交往而出名。比如，他拥有一架拆除了武器的意大利产"马尔切蒂 S.211"型战斗机，并且曾想进口一架米格 -29 战斗机，不过美国海关拒绝了这一申请。他还拥有一支豪华昂贵的车队，车型包括劳斯莱斯、本特利和奔驰等。他喜欢航海，参加帆船赛，几乎命丧大海。他对建筑感兴趣，曾在日本雇用了许多能工巧匠，为他建造了一个非常复杂的全木质房屋，价值 4000 万美元。等到房子建好以后，又把它拆散，用轮船运到太平洋的彼岸，在埃里森加利福尼亚伍德赛德的新庄园重新组合起来。

但仅靠着这些传奇般的噱头，他无法成为世界级的大富翁，他必然还有与众不同的、出类拔萃的地方。

1976 年 IBM 研究人员发表了一篇里程碑的论文——"R 系统：数据库关系理论"，介绍了关系数据库理论和查询语言 SQL，但 IBM 却觉得没有开发的价值。埃里森非常仔细地阅读了这篇文章，被其内容震惊，他敏锐地意识到在这个研究基础上可以开发商用软件系统，于是，他决定开发通用商用数据库系统 Oracle，这个名字来源于他们曾给中央情报局做过的项目名。

1977 年，他 32 岁这年，与他人合伙出资 2000 美元成立了软件开发研究公司，埃里森拥有 60% 的股份，占有这么多股份是因为成立公司完全是埃里森的鼓动，而且他有一个 40 万美元的项目合同。

他说："好在经营软件公司不需要大量的资金，用点小钱就可以创业。所有伟大的软件公司都是这样开始的，也许不是所有的，但 Microsoft 和我们相似，我们比 Microsoft 的资金更少，几乎一无所有。"

几个月后，他们就开发了 Oracle 1.0，但这只不过是个玩具，除了完成简单关系查询外，不能做任何事情，用户抱怨不断，但埃里森坚信较早占领大块市场份额是最主要的。而 IBM 的作风则大相径庭，如果用户不满意就不会推出新产品。

在这个阶段，埃里森的公司规模很小，如果客户知道他们的实情——只有四五个程序员，根本就不会购买他们的产品，而且他们的产品也并不完美，甚至可以说是有很多缺陷，但是埃里森从可口可乐和百事可乐的竞争中得到启示，知道抢占市场的重要性，为了胜利他不择手段，夸大其词和撒谎是家常便饭。他不仅自己四处出击，进行演讲，向客户描述产品将能达到的美好功能，宣称 Oracle 能运行在所有的机器上……

他还派出很多的销售人员去推销产品。为了激发销售人员积极性，他抬一箱子金币进来发工资，员工可以选择美元，也可以选择等值金币。半数以上的员工不要美元而要金币。这一不按常理出牌的工资发放方法使得销售人员积极性倍增，主动攻城略地，产品的销量增长极快，为了及时奖励这些销售人员，他用光了整个美国发行的金币，但还不够甲骨文公司发工资。

埃里森的成功更大程度上不是作为一个技术专家而是市场推销专家。一位硅谷资深人士这样评论："甲骨文生逢其时，埃里森将市场放在第一位，其他所有的都靠后，拥有普通技术和一流市场能力的公司总是打败了拥有一流技术和只有普通市场能力的公司。"

埃里森的 Oracle 的市值在 1996 年就达到了 280 亿。IBM 放弃了上千亿美元的错误，而被埃里森如此简单地获得了。埃里森曾将 IBM 选择 Microsoft 的 MS-DOS 作为 IBM-PC 机的操作系统比为"世界企业经营历史上最严重的错误，价值超过了上千亿美元。IBM 发表 R 系统论文，却没有很快推出关系数据库产品的错误可能仅仅次之。"

2007 年美国 500 强企业 CEO 薪酬排行榜。尽管 2007 年基本年薪只有 100 万美元，但得益于通过行使期权获得的收益，甲骨文 CEO 拉里·埃里森在此次排行榜上以 1.93 亿美元的总薪酬占据榜首。

2008 年拉里·埃里森拥有资产 270 亿美元，在福布斯公布的美国前 400 名富豪排行榜上名列第十四。

妄自尊大，不靠脚踏实地取胜的拉里·埃里森和比尔·盖茨是两种完全不同的类型，他的个性与天才完全无法学习和模仿。他凭借着强大的自控力，一边忍受着用户的抱怨，一边强劲地开拓市场。他的坚持，终究使他取得了成功。

保持神秘低调的富豪家族

在历史上，有这么一个不为人知的神秘家族——早在 1850 年，这个家族就积累了相当于 60 亿美元的财富。如果，后来没有衰落的话，以每年 6% 的回报率计算，150 多年后的今天，他们家族的资产至少超过了 50 万亿美元。这个家族叫作"罗斯柴尔德家族"。他们没有"肯尼迪""洛克菲勒""摩根"家族那样声名显赫。但是二战前的美国，曾经有一句经典的话形容当时的情况："民主党是属于摩根家族的，共和党是属于洛克菲勒家族的，而洛克菲勒和摩根，都曾经是属于罗斯柴尔德的！"

在 19 世纪的欧洲，罗斯柴尔德几乎成了金钱和财富的代名词。这个家族建立的金融帝国影响了整个欧洲，乃至整个世界历史的发展。以至有人说，19 世纪欧洲有六大强国！分别是大英帝国、普鲁士（后来的德意志）、奥匈帝国、法兰西、俄国，还有……罗斯柴尔德家族！而罗斯柴尔德家族有一个显赫的外号，就是"第六帝国"。

罗斯柴尔德家族从 16 世纪起定居于德国法兰克福的犹太区。他们的兴旺发达始于 18 世纪，从梅耶·罗斯柴尔德 20 岁时做古董和古钱币买卖的生意开始。由于他的精明能干，20 多年之后便成为法兰克福城的首富。目光远大的梅耶·罗斯柴尔德让他的 5 个儿子走出法兰克福，走出德国，分散到欧洲各地。渐渐形成了一个由老梅耶·罗斯柴尔德与大儿子阿姆歇尔坐镇老家法兰克福，其他几个儿子分布在伦敦、巴黎、维也纳和那不勒斯，成立金融和商业帝国的态势。

　　罗斯柴尔德兄弟经营技巧中重要的一条，就是利用他们分布在欧洲各国的分支获取政治、经济情报，这样，他们往往能迅速了解各地的政治经济动向，及时采取行动，出奇制胜。

　　为了保密，他们有自己专门的信使，彼此用密码进行联系。由于罗斯柴尔德家族内部的信息传递系统迅速可靠，以至于英国维多利亚女王有时也宁愿用罗家的信使来传递她的信件，而不用英国的外交邮袋。

　　罗斯柴尔德家族对欧洲历史的影响，从它帮助英国政府购买苏伊士运河一事上可见一斑。1875 年一个星期天的晚上，列昂内尔在他伦敦的宅邸中宴请英国首相狄斯累利。席间，列昂内尔突然收到一份来自法国罗斯柴尔德分行的电报，说埃及国王因缺少资金，打算把他掌握的 17.7 万股苏伊士运河股票卖给法国政府，但对法国提出的价格不满意，表示愿以 400 万英镑的价格卖给其他国家。狄斯累利第二天召开内阁会议，大家一致同意英国买下这批股票。然而，当时国会休会，无法筹集这笔资金。于是，列昂内尔果断地做出决定，由罗斯柴尔德银行伦敦分行向英国政府提供 400 万英镑，抢先买下了这批股票。此举使英国控制了苏伊士运河，带来了巨大的政治、军事和经济利益。列昂内尔·罗斯柴尔德也因此成为举国上下敬仰的英雄。

　　尽管罗斯柴尔德家族拥有巨大的财富，并跻身欧美上流社会，但他们始终坚持犹太人的传统、维护犹太人的利益。这个家族大多数人坚持族内通婚，下属的公司企业都守犹太教的安息日，不做任何生意。1820 年，他们宣布不同任何一个拒绝给犹太人公民权的德国城市做生意。

　　罗氏家庭还积极参加犹太人的各种活动，向犹太社团捐款，包括参与犹太复国主义运动。它在法国的成员爱德蒙男爵 20 世纪初向巴勒斯坦的早期犹太移民提供了约 600 万美元的资金，帮助移民购买土地和生产设备。伦敦的沃尔特曾任英国犹太复国主义主席，与犹太复国主义领导人魏兹曼一起，第一次世界大战期间在英国积极活动，终于使英国政府以外交大臣贝尔福致沃尔特·罗斯柴尔德勋爵一封信的形式，发表了著名的《贝尔福宣言》，最后导致了以色列国的建立。

都说"富不过三代"，罗斯柴尔德家族在 19 世纪末也开始衰落。

衰落的原因，首先是罗斯柴尔德家族在 1865 年出现战略判断失误，认为美国经济不会大幅发展，于是把它在美国的分行都撤销了。这个致命失误直接导致了摩根家族的兴起。

其次，罗斯柴尔德家族在一战和二战中损失惨重。作为犹太人家族，罗斯柴尔德在纳粹统治下受到惨重的打击，许多位于德国、法国和意大利的资产被摧毁。冷战期间，罗斯柴尔德家族在东欧的许多资产又被苏联接管了。

第三，罗斯柴尔德坚持家族产业，也阻碍了它的继续发展。从 20 世纪 60 年代开始，欧美的大银行纷纷上市，筹集了大量资金，罗斯柴尔德则还是用自有资金发展，速度缓慢，逐渐落伍。

如今，罗斯柴尔德家族表面上看变小了，实际并非如此。与张扬的美国资本不同，罗斯柴尔德家族行事低调，一般人只有在读历史书的时候才能碰见它，但是它无所不在。

直到现在，罗斯柴尔德家族的银行都拒绝上市，这意味着它根本不用公布年报。200 多年来，他们一共在地球上投资了多少生意，赚了多少钱，只有家族核心成员才清楚。它在世界经济界的影响，也只有极少数细心的专业人士才能发现。试想，谁能从几年前的铁矿石价格暴涨中看出罗斯柴尔德家族的影子？谁知道 2004 年为英国政府的移动通讯 3G 牌照拍卖充当融资顾问的便是罗斯柴尔德家族？这条消息在《华尔街日报》上绝对看不到。

如今罗斯柴尔德银行集团的业务主要是并购重组，罗斯柴尔德的并购重组业务主要在欧洲。2006 年世界并购排行榜上，他们排在第 13 位。

经历了 250 年的风雨变迁，这个家族依然兴旺发达。对此，德国诗人海涅说过一句很经典的话：金钱是我们这个时代的上帝，而罗斯柴尔德则是它的先知。

在失败中总结经验教训，通过改变自己来改变对世界的影响力，罗斯柴尔德家族的历久弥坚是犹太人强大自控力的代表。

比总统老公更有自控力的女人

近来，与川普竞争美国总统的希拉里，作为第一位参与美国总统竞选的女人，作为话题的制造者，又频频出现在人们视野中。

如果说，当年赖斯担任美国国务卿一职的时候，中国，甚至全世界对她都还不甚了解（当然，在后来的时间里，她用自己特立独行的风格在国际外交界树立了自己的形象，让人们永远记住这位黑人女外交家），那么，后来接任赖斯国务卿一职的希拉里，却是中国，乃至全世界都很熟悉的一位女人。不仅因为她是美国前总统克林顿的夫人，更因为她是一个饱受争议，却一直雄心勃勃，希望依靠自己的实力在政治上能够大展拳脚的女人。

她不是一个普通的女人。在狂热的追随者眼中，她是一位勇敢的妻子、一位性感的女人、一位充满智慧的女强人；而在政敌眼中，她则是一个虚伪狡诈、老于世故和政治伎俩的女人。但无论是她的政敌，还是狂热追随者，都不得不折服于她的公众影响力。

希拉里·罗德姆·克林顿1947年10月26日出生在芝加哥。充满爱的童年生活奠定了她对家庭、工作要忠诚的信念和服务大众的信念。1969年，希拉里就读于耶鲁法律学院，1971年，她认识了同校的比尔·克林顿。美丽而有思想的她让周旋于众多女性之间的情场老手克林顿第一眼便被深深吸引，以至于下课后，克林顿情不自禁地尾随她出去，但对于追求女人有着经验丰富的他竟鼓不起足够的勇气主动上前去跟她搭腔说话。

第二次再见时，是希拉里主动上前对盯着她看的克林顿打招呼："瞧，如果你打算一直盯着我，我也要回盯你。我想，我们至少应该互相认识一下，我叫希拉里，你叫什么名字？"

大学毕业后，希拉里从事律师工作。1975年二人完婚，5年后他们有了自己的女儿切尔西。虽然很多人说希拉里与克林顿在一起是出于她的政治野心，但是，不管怎么说，他们之间的爱是真诚的。

因为希拉里说："在耶鲁法学院的时候我就不能自已地爱上了比尔，我那样清楚地知道自己想和他在一起。当和他在一起的时候，我总感觉比没有他在身边的时候要快乐许多，而我也总自信地认为，自己无论在哪里都能拥有有意义的、有成就感的生活。"而那时候克林顿尚未从政。

希拉里让克林顿放弃了众多容貌美丽、身材性感的女人，两人相伴一路走来。后来克林顿发生"拉链门"事件，但他对牧师忏悔说，他会做任何事情来挽救他们的婚姻。他表示："在这个世界上，我爱希拉里与切尔西超过一切。"说到这里，两人手拉手跪在一起祈祷，都流泪了。克林顿向希拉里郑重保证，他将改变自己的生活方式。而希拉里经历了痛彻心扉的心理历程，最后控制住自己怒不可遏的本能反应，选择原谅了他。她是这样解释他们之间的爱情的：

"我只知道没有人比比尔更了解我，也没有人能像他那样令我放松身心地开怀大笑。尽管这么多年过去了，他仍然是我生命中遇到的最有活力、最有趣、最生动的一个人。我和比尔·克林顿先生在1971年的秋天开始第一次谈话，而30多年过去了，这谈话仍在继续。"

作为一个有思想的女人，希拉里并不满足于当"第一夫人"，克林顿卸任后她积极投身政坛。2000年11月7日在纽约州参议员选举中获胜，当选美国国会参议员，成为美国史上第一位赢得公职的第一夫人。

希拉里不仅善于在政界和军界结交朋友，而且在参议院为人低调，非常注意把自己"第一夫人"的身份和参议员的身份区别开来。每逢委员会举行听证会，她总是到得很早，尽管她总是最后一个发言。

在参议院，希拉里最初没能进入那些所谓的"Super-A"（极好的）委员会，如拨款委员会、军事委员会、财政和对外关系委员会。于是她带着自己的专家，在健康和教育委员会找了个位子坐下。与此同时，她也在争取游说到更好的位置。2003年，她离开预算委员会，在军事委员会找到了自己的位置。在那里，她是最早在国会指出驻伊美军缺乏装甲武器的参议员之一。"9·11"事件后，她又极力主张加强国土安全，并指出了港口和边境等一些敏感地区的安保疏漏。她最大的成绩，是在世贸中心遭袭后不久，在国会极力争取了200亿美元的安保拨款。后来，她又领导一场提高最低工资的斗争。她认为，国会的工资涨了，社会上的最低工资也要相应提高。

她的勤奋工作，让她的政治声望稳步上升，共和党人甚至都找不到一个可靠的候选人跟她竞选纽约州参议员。

2007年1月20日，希拉里·克林顿在其个人网站上宣布将参选2008年美国总统大选。

共和党前任主席埃德·吉莱斯皮表示："希拉里的优势是，她很聪明，非常坚决，而且精于谋划。缺点是，她（有时）显得极端……而且她不可能每次都谋划准确。"

民意测验专家马克·迈尔曼让10位黑人妇女选出她们心中的政治英雄

时，有 8 个人选了希拉里。

在《时代》周刊的调查中，只有 3% 的人对她不做任何评价。而选民对她的认可也呈两极分化态势。民主党人压倒性地将她视为一个有着强烈道德价值观的强硬领导人；共和党人基本上将她视为一个为了政治野心而愿意做任何事、说任何话的机会主义者，而且认为她会在政治利益和信仰之间，优先考虑政治利益；至于无党派者，53% 的人不支持她，其中有34% 的人"绝对不会"支持她。

当希拉里在党内竞选中输给奥巴马之后，她即呼吁她的选民转而支持奥巴马。

后来，新当选美国总统的奥巴马提出让同样拥有美国总统梦的曾经的第一夫人——希拉里担任国务卿。在很多人看来这是奥巴马弥补劣势，拉拢克林顿帮，套牢希拉里，以达到一石数鸟的办法。

希拉里虽然不是外交家，但是她见多识广，精明能干，而且跟随克林顿出访过 80 多个国家和地区，在国际上知名度很高，在各国领导人中有许多熟人，这是一般政客难以企及的先天优势。从政治理念看，希拉里与克林顿一样是个务实派。由于奥巴马团队的理想主义气息，世界上不少国家担心他的外交班子将执行一种自由主义和理想主义的路线。但如果希拉里管外交，她或将能在一定程度上帮助奥巴马保持美国外交的延续性。不仅如此，希拉里如果成为奥巴马的阁员，也等于被"套牢"。希拉里的政治抱负，路人皆知。如果继续在野，可能再次成为奥巴马下次大选中的对手。而且如果奥巴马执政 4 年有负众望，希拉里与他争位的可能性就更大了。然而，如果希拉里成为奥巴马政府的重要成员，那么她与奥巴马的政策就难以脱开干系。很难想象，作为国务卿的希拉里，如何还能以局内人的身份去挑战奥巴马。

后来，希拉里辞去国务卿的职务，在奥巴马势头正旺之时，并未与他争夺下任总统，而是控制住自己争强之心，待奥巴马八年总统任期即将结束之时，她才出来竞选新一任的总统。2016年，在与川普的总统竞争中，往年总统竞选中各种"揭黑"套路悉数落在她身上，在大家看来，胜出希望越来越渺茫时，她却没有退缩，为着总统之位背水一战。

希拉里这一生一直在为实现自己的政治抱负而努力奋斗，同时，也在为她的国家和人民而勤奋工作，虽然野心不小，但她自控力之强令人惊叹。她在克林顿"拉链门"事件发生后，没有与之离婚；她在与奥巴马竞选总统失利后，没有将其视为仇敌，反而加入其内阁，成为拥有重要地位和能得到大展拳脚，以增加自己管理国家经验的国务卿；在她再次参与总统竞选，对手再次爆出她的一系列丑闻，她依然用强大的自控力做自己认为应该做的事。

她是当之无愧的女中豪杰。

守住本心，不做"御用"学者

曾有一位来自美国的经济学家在北京、上海、广州这三个中国内地最活跃的城市掀起一股经济研讨的热潮，他的演讲门票卖到 5000 元一张，最贵的被炒到 5 万，远远超过被称作身价最高的演讲者——英国前首相布莱尔的 400 美元一张票。

这位被人们热捧的美国人就是诺贝尔经济学奖获得者普林斯顿大学教授保罗·克鲁格曼。

保罗·克鲁格曼是主流经济学派的衣钵传人和捍卫者，是萨缪尔森和索罗的爱将，但同时，他又是一位急先锋，敢于向任何传统理论开战。克鲁格曼的理论研究领域是贸易模式和区域经济活动。在过去十余年间，他出版了近 20 本著作，发表文章几百篇。他的文笔清晰流畅，深入浅出，不仅是专业研究人员的必读之物，更是普通大众的良师益友。在公众的眼中，他是一位不可多得的大众经济学家。

克鲁格曼 1953 年出生于一个美国中产阶级家庭，他在纽约的郊区长大，从约翰·F 肯尼迪高中毕业后，他来到了著名的麻省理工学院学习经济学。大学时代的克鲁格曼似乎更偏好历史，天天去上历史课，而经济学的专业课修得不多。大学二年级的时候，著名经济学家诺德豪斯偶然看到克鲁格曼的一篇关于汽油的价格和消费的文章后，为他对经济问题的深刻理解所打动，立即邀请他做自己的助手。大学毕业后，在诺德豪斯的推荐下，克鲁格曼顺理成章地进入了研究生院攻读博士学位。此期间，由于个人问题，他的情绪比较低落，草草地完成了博士论文就奔赴耶鲁大学任教去了。

1982 年，克鲁格曼从瑞典参加一个国际会议回来就接到费尔德斯坦的电话，邀请他去华盛顿任职，担任经济顾问团国际经济学首席经济学家。

1987 年，克鲁格曼重新恢复了创造力，他写出了大量高质量的论文——第三世界债务减免、欧洲货币体系的作用、贸易集团化。这些文章获得的好评打消他对自己研究能力的怀疑，他开辟了一个新的领域——新贸易理论。这些成就使他获得了约翰·贝茨·克拉克奖。

1988 年，克鲁格曼出版了《期望减少的年代》一书，该书一出版即在美国引起轰动。他与奥伯斯法尔德合著的《国际经济学》成为各大学和贸易公司的标准教材。各大公司的总裁在看到他所著的书之后纷纷找上门来，请克鲁格曼为他们做商业咨询。为此，克鲁格曼专门雇了一名经纪人，不是为了拉更多的客户，而是为了提高价格，使商人们望而却步。这段时期克鲁格曼发现了一个有趣的课题——经济地理学。他雄心勃勃地想把这个课题发展成为经济学的一个分支，并在这个领域取得很大的进展。

1992 年的总统选举使克鲁格曼在全美国人面前大出了一番风头，他在电视上的经济演说给克林顿极大的帮助，但是克林顿在执政之后并没有启用他为总统经济顾问，而是选择了伯克利大学的女经济学家泰森，原因是克鲁格曼的性格过于刚直，在华盛顿和学术界都得罪了不少人。克鲁格曼自己也说："从性格上来说，我不适合那种职位……你得会和人打交道，在人们说傻话时打哈哈。"

小布什上台之后，克鲁格曼一周两次在《纽约时报》发表文章，接连不断地对政府进行声讨，以致他被看作是小布什政府的死敌。关于小布什的减税计划，克鲁格曼冷嘲热讽的专栏加起来出了一本书，这就是有名的《荒唐的数学：布什减税政策指南》。

保罗·克鲁格曼最让世人吃惊的是他超强的预言能力。

1994 年，克鲁格曼针对世界银行给予亚洲经济增长以"东亚奇迹"的评价，激烈批评亚洲国家的经济增长模式，是"建立在浮沙之上，迟早幻灭"。1996 年克鲁格曼在出版的《流行国际主义》一书中大胆预言了亚洲金融危机。该书在短短两年内重印了 8 次，总印数达 120 万。当时很多人被他的预言激怒，不过，1997 年亚洲爆发金融风暴，克鲁格曼的"预言"成真，这让不服气的人不得不闭嘴。

2000 年，克鲁格曼又在《能源危机重现》的文章中指出，新一轮国际油价上涨周期已经到来。2001 年，在《纽约时报》的专栏文章中，克鲁格曼又一次重申了自己的观点。果然，2001 年以后，国际油价急剧上涨。2006 年 8 月，克鲁格曼撰文说，由于美国楼市近年来价格暴涨，在很多地区房价开始下降，投机需求出现逆转，导致目前市场上充斥着未出售的房产。在克鲁格曼看来，正是布什政府前几年推行的过于宽松和缺乏监管的政策，催生了此后的金融泡沫，最终引爆今天的危机。2008 年底，他一人独获诺贝尔经济学奖。

从他十年前的《萧条经济学的回归》，到不久前的《美国怎么了——一个自由主义者的良知》，诺贝尔委员会把经济学奖授予他，怎么看都像是对这次全球金融危机乃至未来经济萧条的一个回应。

克鲁格曼平时爱写博客，平均每周 13 篇。获诺贝尔经济学奖的当天，他只写了一篇非常简单的博客，帖子只有一句话，"今天上午，在我身上发生了一件好玩的事情。"

那次，他应邀到中国来，在著名的北京大学光华管理学院与中国重量级的财经人物对话。有些讽刺的是，虽然门票价格高昂，但他对中国并不了解，而他说自己也不想假装是中国经济方面的专家。然而，在与张维迎、严介和、龙永图等重要的财经人物对话中，可以感受到他的赤诚坦荡，这使得他获得了众多网友的拥护，以至有网友说：克鲁格曼的许多言论是真诚的，他是一个走在真理之中的人。

作为经济学家，控制住追名逐利之心，独立于政府之外，不做"御用"经济学者。这样，他才可能发现潜在的经济规律，凭良心做出准确预言，从而获得诺贝尔奖。

第二章

成大事者皆有超强自控力

为什么自控力至关重要

每个人都自带"原始本能",比如:懒惰,好吃,嗜睡,贪玩,暴躁……

这些"原始本能"来源于"原始大脑"中的"历史潜意识"——我们祖先曾有过的人生经历,比如,在物资匮乏的年代,大脑持续分泌化学物质,促使人们去寻找并摄入足够多的食物,将自身的脂肪储存得越多越好。在物质丰富的今天,我们不再需要那么多的食物,并且医学发展告诉我们:吃太多会导致各种疾病。然而"储存脂肪"的历史潜意识依然会来争夺身体的控制权,自控力弱,就很容易被俘虏,沦为一个时刻喊着要减肥,却抵制不住美食诱惑,体重不断飙升,出现各种身体疾病的"吃货"。

我们只有一个大脑,但是我们常常会感觉到有两个自我,这两个自我会在我们同一个大脑里交锋。通常有两种结果:一种是"原始本能"占上风,一种是自控力占上风。这就导致截然不同的结果。

当"原始本能"占上风的时候,我们会随心所欲地做自己即时想做的事,并获得即时满足感。即时满足感挤占了大脑空间,自控力就弱下去,没有足够的力量发起交锋,长时间保持这种状态,就会养成极坏的习惯,并深陷其中难以自拔。

当自控力占上风的时候,我们的大脑会产生强烈的指引力,指引正确的方向,引导我们战胜"原始本能",迈向更美好的生活。

在历史发展过程中,社会逐渐走向复杂,先辈们遇到的事情越来越多,沉淀下来的"原始本能"也越来越多,我们也越来越需要运用自控力去对抗。

　　在资讯不发达的年代，传递信息较为不易，多数人对自己一亩三分地之外的事情无从知晓，掌握较多信息的人就会被称为"百事通"，受人敬佩。比如《红楼梦》中对贾府情况较为熟悉的买卖人冷子兴就被贾雨村看作是"有作为大本领的人"。在那种情况下，信息传播不远，了解渠道不多，实行政策也相对容易。而现在，每天都有无数资讯在轰炸着我们的手机、电脑，直接侵入我们的大脑，信息比火箭发射还快，瞬间传遍世界的角角落落。真实的信息会这样，虚假的信息也一样流传，如果没有辨别是非的能力，没有抵御轻信的自控力，就很容易沦为信谣传谣的人。别有用心的造谣者可恶，轻信谣言者可怜，信谣并传谣的人就不禁可怜还可恨可厌。

　　训练并增强自控力，让自控力战胜"原始本能"，自然生发出抵制恶习的强大信念，必将成为生活的智者，让生活在我们手中做自己"想要"做的事，从而实现目标，获得成功，享受快乐人生。

别陶醉于眼前的成功

　　20 世纪 80 年代和 90 年代初有一款叫作"苹果"的电脑给我们留下了深刻的印象。后来，中国的家用电脑兴起，不断更新换代，用过多种品牌，却再也没邂逅过"苹果"电脑。

　　"苹果"哪里去了？原来，从 1985 年"苹果"创始人乔布斯被迫离开"苹果"开始，"苹果"就被进入个人电脑市场的"IBM"、"微软"等公司挤到一边去。苹果电脑的市场份额迅速下降，从高峰期的 70% 下降到 60%、50%，到 1996 年的时候，连 5% 都没有了。

　　"苹果"，是 1976 年愚人节这天，21 岁的乔布斯和 26 岁的沃兹在乔布斯养父的车库里成立的一家高科技公司研发出的个人电脑。为了纪念伟大的人工智能领域的先驱——图灵，而采用那个被咬了一口，置图灵于死地的剧毒苹果作为商标图案。

　　在"苹果"电脑研发出来之前，计算机是企业才能使用的笨家伙，乔布斯和他的朋友们经过努力，研发出世界第一台家用电脑——苹果一号，这部电脑没有显示屏，是把键盘连接到电视机的显示屏上来用。不久，有显示器的苹果二号诞生了，并很快获得巨大成功。

　　1980 年，苹果电脑公司在美国纳斯达克上市。一夜之间，造就了 4 个亿万富翁，40 多位百万富翁。到 1984 年，公司的员工已达 4000 多人，净资产也高达 20 多亿美元，这是美国商界的一段神话。

　　为此，1985 年，美国总统里根邀请年仅 29 岁的乔布斯去华盛顿，授予他"美国总统技术奖"。可就在这一年的 9 月份，乔布斯却因为与他自己请来的苹果公司的首任 CEO 斯卡利矛盾重重而不得不离开了他一手创办的公司。

乔布斯带走五名大将创办了自己的新公司——next 苹果公司。不料，产品还没问世，就遭到苹果公司关于技术侵权的起诉，这让 next 公司产品的研发和销售举步维艰。

在那艰难的十年里，乔布斯还做了一件事，他用自己的钱收购了当时的皮克斯动画工作室，成立皮克斯动画制片公司，用电脑制作深受全世界儿童欢迎的动画片《玩具总动员》《海底总动员》《超人总动员》等。

1996 年，他把皮克斯动画制片公司以 74 亿美元的价格卖给了迪士尼公司。而就在这一年，CEO 斯卡利离开了每况愈下的苹果公司，董事会决定以 4 亿美元收购 next 公司，并给乔布斯 15% 的股份，邀请他回来领导陷入困境的"苹果"。

乔布斯对"苹果"感情极深，马上回来。回到苹果后，他身兼 CEO 和董事长两职，很快推出第一代的 iMac（iMac 是针对消费者和教育市场的一体化苹果 Macintosh 电脑系列），他带领苹果公司实现扭亏为盈，从 1996 年公司亏损 10 亿美元，到 1998 年盈利 3.1 亿美元，业绩很不错。但是他意识到，苹果电脑在个人电脑的市场份额上只有 5%，要想突围，就必须寻找新的发展方向。2001 年，他做出了一个令人吃惊的举措，推出一个跟电脑几乎不相关的产品——iPod（音乐播放器）。

iPod 可以从网络、电脑上下载歌曲，这是从电脑产品走向数码娱乐产品的巨大跨越。2001 年到 2003 年，乔布斯的 iPod 音乐播放器超过了日本索尼公司的 Walkman 和索尼的 MP3、MP4，到 2008 年底，iPod 在全世界占有的市场份额高达 73%，即使在日本，iPod 也占领了 60% 的市场份额，成为全球第一名。而索尼公司的 MP3、MP4 的市场份额连 10% 都不到。

iPod 的成功，除了外观设计精美之外，还因为乔布斯大胆地做了一个创新，把 iPod 的音乐播放器跟互联网上的音乐商店做了对接，当顾客购买或使用 iPod 的时候，可以自由地从互联网上通过 iPod 的音乐商店下载自己喜欢的音乐，按每一首乐曲付钱，而不是像过去那样，到商店里买一张 CD，为 10 首歌、20 首歌付钱。iPod 的成功再一次表明：创新是乔布斯身上最闪亮最关键的要素。

然而，乔布斯的创新并非一帆风顺，风风雨雨几十年，他的创新遭遇过无数次失败的打击，但这些失败从来没有阻止过他前进的步伐。2007 年 1 月份，乔布斯对全世界宣布，把苹果电脑公司的名字改成苹果公司。

少了"电脑"这个词，公司更是放开手脚，进行方方面面的创新。2007 年，苹果推出世界上第一款苹果操作系统的 iPhone——苹果手机。

当时的手机市场已经是几大著名厂家的天下，有人说苹果公司在这个时候进入手机市场简直是找死。

可令人叹为观止的是，苹果公司仅靠一款手机，从 2007 年开始，销售额每年都以翻番的速度增长，仅一款手机一年就可以卖出 1000 万台以上，而那些大牌的厂家，每年都要设计出几十款甚至上百款新手机，而每一款手机的销量少的只有几万台，多的也不过几十万台。

为什么有那么多人竞相购买苹果手机呢？乔布斯最大的创新并不仅限

于手机本身，他还通过互联网建立了一个手机应用软件商场。在这个商场里，可以用苹果手机购买下载应用软件，而这些应用软件是无数中小软件开发商，甚至个人研发出来的。给苹果公司交一点钱，就可以挂到空中商城销售。例如，一位 30 岁的软件工程师利用业余时间写了一个小的游戏软件，挂到空中商城去。几个星期后，这款小小的软件就为他带来了 37000美元（税前）的收入。

从 iMac 到 iPod 再到 iPhone，乔布斯带领苹果公司在经济危机最严重的时候攀上了 IT 产业的制高点，实现年收入 350 亿美元。后来数年里，更是达到年收入千亿美元。2015 年其市值最高时一度超过 7000 亿美元，成为人类历史上市值最高的公司（以美元计价）。自 2007 年首代 iPhone面世以来，苹果公司的营业收入迅速增长。根据苹果历年财报数据测算出：2008—2015 的 8 个财年，苹果公司的营业收入折合人民币 6.28 万亿元。如果加上 2016 年第一季度超过接近 5000 亿人民币的收入，过去 8 年又一季，苹果公司的总营业收入超过 6.77 万亿。

然而，乔布斯离去之后，苹果虽然一再推陈出新，但人们还是认为乔布斯带走了"苹果"的灵感和创意，近来，苹果的销量更是呈令人担忧的下跌态势。

对企业来说，领袖人物控制力体现在对发展方向的掌控上，不陶醉于眼前的成功，方能成就更大的未来。坚持创新，而非迎合市场消费人群，这是乔布斯本人和他的继任者对企业控制力的最大区别。

让比尔·盖茨佩服的人

艾尔弗雷德·斯隆这个名字可能很多人不熟悉，他写过一本书——《我在通用汽车的岁月》，也可能很多人没有听说过。但是，比尔·盖茨的大名估计当今社会无人不晓，盖茨对斯隆的推崇从他的一句话中可以想见："如果你只想选一本商业著作来读的话，我认为，艾尔弗雷德·斯隆的《我在通用汽车的岁月》可能是你所能读到的最好的商业著作。"

管理大师彼得·德鲁克早已记不清曾经向多少人推荐过此书了："只有屈指可数的商业著作能够历经数十年的考验而成为经典，毫无疑问，《我在通用汽车的岁月》就是这样一本伟大的著作。"《商业周刊》把它放在"绝对必读书架"的第一名；《财富》杂志则把它列为 CEO 必读书。

当通用汽车公司陷入破产的困境时，很多人想起了斯隆，有人甚至提出：如果斯隆回来……

是的，斯隆，在他当通用汽车 CEO 期间，通用汽车经历了 1929 年世界范围的经济大萧条，然而，天才的他带领通用汽车度过了那艰难岁月。不仅如此，从 1930 年开始，通用汽车在他的领导下发展迅猛，很快就成为全球最大的汽车制造商。

艾尔弗雷德·斯隆，1875 年 5 月 23 日出生于康涅狄格州纽黑文市，父亲是布鲁克林的茶叶咖啡进口商。斯隆小时候对机械和企业并无兴趣，是个传统的"书蠹"。15 岁开始，斯隆一再向麻省理工学院递交求学申请，起先一再被退，但他不气馁，一年后终获批准。20 岁的时候，他成了麻省理工学院年纪最小的毕业生。毕业后到海厄特滚珠轴承公司当绘图员。1897 年由他父亲提供经济援助，买下了海厄特公司的股份，掌握了控股权。这家公司后来成为汽车工业轴承的主要供应商之一。22 岁的斯隆开始展现管理方面的天分，他后来写道："我们的经营管理达到了当时企业管理最科学的程度。我们的工厂组织严谨。95% 左右的生产性劳动用于计件生产。我还设立了有效的成本核算体系。在我们的工资单上有化学家，也有冶金学家。从原料到减磨轴承，每一步都以科学方法进行检验。"

海厄特公司向大部分汽车制造商出售轴承，但最大的两家买主是福特公司和通用公司。这使斯隆深感不安："我们的核算提示了一个令人不安的事实：公司一半以上的收入来自福特公司，另一个大主顾是通用公司，其他顾客与之相比都相形见绌。如果福特或通用公司自建轴承厂，我们的公司岂不身处绝境？"认识到这一点之后，斯隆在 1916 年把海厄特公司以1350 万美元的价格卖给了通用公司。然后，斯隆做了通用汽车公司的副总裁。

1921 年的时候，美国经济出现了一个低潮，通用第一次差点儿破产，这次危机，通用靠斯隆提出的专业化的财务管理模式得以挽救。

1923 年，斯隆被提拔做通用汽车公司的总裁。在这个位子上，他建立了一套现代管理制度，并成为典范，从此以后，美国很多的公司纷纷效仿。

关于通用汽车公司的管理，斯隆主要做了两件事情。第一，提出按照市场的需求做预测，安排生产计划，这个想法在当时是一个创举，因为那个时候很多企业都是凭感觉下单子。当大萧条来的时候，通用汽车没有因为有大量卖不出去的库存而导致破产。第二件事情，是对旗下八九个不同品牌的分公司的资金实行集中管理。通过公司内部的集中调配，使他们减少了对银行的依赖。斯隆的这两个举措使得通用汽车安然度过了1929年开始的经济大萧条危机。

此外，斯隆第一个提出贷款买车的概念，成立通用汽车金融服务公司，专门为买车人提供贷款，这个办法一直延续到今天。斯隆还有一个非常大的贡献，就是提出了"职业经理人"的概念，理顺了总公司和分公司的关系。

为了有效地和福特竞争，他还提出了一个新的概念，叫作"主动报废"。就是说每个分厂每年都要研发出一款新的车型，而福特汽车公司一款T型车就卖了20年，没有竞争力。

斯隆的这些做法为后来美国企业的发展树立了光辉的典范。退休后，他写了一本书，叫作《我在通用汽车的岁月》，这本书一经出版，就吸引了大量的企业管理的研究者和许多企业的经理人。如今，这本书已经成为西方管理学的经典著作。

大萧条成就了斯隆，斯隆成就了危机中的通用汽车。在顺境里，纵然有本领也没有历练的机会，只有在危机中，有才华的人才有凸显的机会。斯隆的才华最早体现在他强大的自控力上——15岁开始，一再向麻省理工学院递交求学申请，即使一再被退，他也毫不气馁，因为他知道这是他"想要"的。后来，在领导通用汽车公司中，他将"我想要"发挥到极致。强大的自控力成就了这一位让比尔·盖茨佩服的天才人物。

"铁腕"缔造传奇

"CITY BANK"——"花旗银行",您一定不会陌生。

现在,这家美国最大的金融机构应该是叫作"花旗集团"(Citigroup Inc),它是当今世界资产规模最大、利润最多、全球连锁性最高、业务门类最齐全的金融服务集团,它总资产达 7000 亿美元,净收入为 500 亿美元,在 100 个国家有 2 亿客户,拥有 6000 万张信用卡的消费客户。

这么一家顶级银行,它不是凭空出现的黑马,它经历了漫长的发展壮大过程。这个过程中,顶尖人物的铁腕管理起了决定性的作用。

这个人物就是花旗集团曾经的总裁和首席执行官桑迪·威尔,他是华尔街备受推崇的灵魂人物,他眼光睿智、能力惊人,是具有坚毅管理性格的产权交易大师。他不会让任何事情成为资本成功运作的绊脚石,凭借着自己坚强的意志,铁一样的手腕,最终使花旗集团以前所未有的方式主宰了整个金融界。在以残酷和冷血著称的美国商界奋战达 40 年之久,桑迪·威尔不仅赋予了"交易"一词一个全新的定义,而且逐渐成了产权交易的化身,被誉为"资本之王"。

在一飞冲天的财富效应面前,没有人能拒绝那令人血脉贲张的刺激诱惑,他是怎样做到的呢?

1955 年 6 月,桑迪·威尔和女友琼·默歇尔结婚。婚后,他开始在华尔街找工作。但是,当时华尔街的老牌公司对于来自犹太家庭的年轻人是排斥的,桑迪·威尔一时无事可做,夫妇仅靠结婚礼金和威尔成人仪式上节省下来的钱生活着。"送信人"是桑迪·威尔在华尔街的起步。在经历了艰难的无所事事后，桑迪·威尔幸运地被贝尔·斯登公司雇作了送信人，每月工资150美元。经纪人接受买卖股票的订单后，由"送信人"将订单跑着送到交易人手中，再由交易人来执行交易。尽管薪水不多，但桑迪·威尔却在交易大厅里迅速成长，最终被提升为经纪人。

1960年，在妻子的鼓励下，他和三个朋友凑了21.5万美元作为注册资本，合伙开办了自己的经纪公司。他们的公司很快因大量吸纳散户而声名鹊起，还通过不断地兼并达到发展壮大。

在一次又一次地兼并中，威尔成了华尔街上举足轻重的人物。

1996年，他的旅行者集团凭借213亿美元的年收益跻身"财富500大"前40强，其综合市值已达340亿美元。《商业周刊》曾这样评价他：在10年的时间里，桑迪·威尔把一系列前景堪忧的公司打造成华尔街金融巨舰。

作为大型的优秀金融集团的总裁，恐怕很少有人会做到"事无巨细，亲力亲为"吧？

但桑迪·威尔做到了。

"在我的一生中，从来没有遇到像他这样不达目的誓不罢休的人——建立一个目标并且实现它。"这是花旗集团首席运营官兼桑迪·威尔最信任的顾问之一——查尔斯·普林斯说的话。

桑迪·威尔遇到问题的习惯做法是：走进员工办公室，向20名员工询问同一问题，然后综合他们的答案做出自己的决策，以此手段代替阅读公司备忘录和报告。

有人认为桑迪·威尔轻率无情，有人认为那是对数字反应敏捷。看看这个例子，您自己判断一下，究竟哪一个更准确：

桑迪·威尔喜欢把8-10个人集中的一间屋子里，通过数据分析一项计划将产生的结果，其中6个人说："把这个问题交给我的团队吧，我们下周二再聚会讨论。"而桑迪·威尔此刻已经在脑中高速运转那些数据，并很快确立了结果。

控制力极强的桑迪·威尔具有百折不挠的个性，这是领袖人物所必需的。

在近50年的商业生涯中，桑迪·威尔改变了商业社会的格局，但他并非像巴菲特那样运用金融智慧，也不像盖茨那样率先使用新产品，相反，他总是对那些看起来走入绝境的无法运营的小企业感兴趣，将他们成功组建并发展为良好的大公司，填补了他人还未意识到的产品的空白，攫取他人没有勇气去角逐的胜利果实。

花旗集团的一位高级执行官将制定谋略时的桑迪·威尔比作国际象棋冠军，因为他总是"走一步，想三步"，尽量隐藏自己的最终目标，所走的每一步看似彼此独立，没什么重要意义，但最终会将对手引入陷阱并一网打尽。

桑迪·威尔击败他的前任联合执行总裁约翰·里德，就是成功运用这种策略的最著名战略。里德于2000年4月退休，他将自己从1984年开始苦心经营的银行输给他的对手。

对于发动数不清的商战并大获全胜的桑迪·威尔来说，商场中遍布敌视他的人——包括曾经的同事和合伙人，但又有更多的人将其视为英雄。

收购，收购，收购，在一连串的收购中发展壮大。

1986 年，桑迪·威尔成为商业信贷公司总裁的时候，这家公司已经日渐衰败，没有人能够想到，桑迪·威尔竟能以这样一家衰败的公司为基础，通过收购发展出像花旗集团那样的商业巨头。其间，他收购了普瑞玛瑞卡公司，得以杀回证券领域；收购旅行者保险公司，将自己卖出的目前境况不佳的西尔森公司重新买回来，还收购了一家岌岌可危的投资银行——所罗门兄弟公司。而这些收购仅仅是热身战，令整个商业界震惊的是花旗公司与旅行者集团的涉资 700 亿美元的合并，不仅因为规模巨大，还因为明显违背了《联邦证券法》，他到处游说，甚至将电话打到克林顿总统那里，最后他如愿以偿了，他成功了。就在并购完成一年之后，那项他公然藐视的金融服务法案就被废除了。

2000 年，他还完成了极具争议的一次交易——花旗集团收购联合第一资本公司；2001 年，他收购了墨西哥第二大银行——巴那可西集团。

如今，花旗集团昂然屹立于金融领域，它的成功模式独一无二，桑迪·威尔功不可没。

没有一个资本家不注重金钱，但美国的资本家因为制度、信仰、价值观等原因，在成功之后常常将自己变成慈善家，桑迪·威尔也是如此。

桑迪·威尔个人资产十分庞大，到 2002 年估计为 14 亿美元，仅 1998 年，他就赚了 1.68 亿美元，媒体经常谴责他收入过高，但他对此根本就置若罔闻，他一直倡导员工持股的理念，这一理念令他和他的长期雇员获得丰厚的回报。

桑迪·威尔与妻子拥有一座庄园、一栋复式豪宅、一座可以欣赏美景的别墅，财富虽然仍具有诱惑力，但是对桑迪·威尔来说，已不是主要动力。"财富只是保持他自身卓越的一种手段。"这是曾与桑迪·威尔合作过的资深银行业分析师对他的评价。

桑迪·威尔与妻子花费很多时间规划他们财产的使用，他们曾经两次分别捐赠1亿美元给康奈尔大学医学院；桑迪·威尔是卡内基音乐厅的董事长，国家学术基金会的创始人和主席，该基金会为非营利性组织，旨在为那些以金融、信息技术、旅游等为目标职业领域的高中生提供帮助。

桑迪·威尔还通过花旗集团体现他的慈善责任，在"9·11"事件后，花旗集团为遇难者的孩子们设立了总额为2000万美元的大学教育基金。

桑迪·威尔总结自己对成功的认识：

"我不会把我们所做的任何事情、任何收益、任何成绩视为结束，而只是把它们看作是构建未来的基石，当我们前进到某一点，我们总是把绳子扔得远一些；继续前进到下一点，再将绳子扔得更远一些。在这条路上，你无法停止。你只能不断向前看，尝试其他新的东西。你要不断寻找构建未来的砖石。这条创造崭新未来的道路，永无止境。"

纵观桑迪·威尔一生，他总是毫不犹豫地为自己创造崭新的未来。如果用一条曲线来表示他近50年来的职业生涯发展轨迹，它不会只是一条辉煌上升的单一弧线，而是包含一系列逐渐形成的波峰和波谷，它们分别代表了桑迪·威尔所取得的成就和所遭到的挫折。

如果，更加仔细地研究这张曲线图，将会发现，在每一个波谷后面，都会出现一个高耸的波峰，它代表桑迪·威尔每次受挫之后，都会更加坚定决心继续前行，哪怕从头再来。

桑迪·威尔所具有的这种出神入化的控制力——创建一家公司，塑造一个新角色，建立一个新品牌——这是他与那些位置相同但逊色的执行总裁的根本区别。

以一己之力，扶起跌倒的"巨人"

　　从改革开放之初走过来的中国人，都见证了松下公司的辉煌。那是一个让全体"松下"人引以为豪的年代，松下电器株式会社的发展一日千里，似有"神"助，而这个"神人"便是他们的创始人——大名鼎鼎的松下幸之助。

　　1918年，松下幸之助靠借来的100日元起家，创立松下电气器具制作所，一路走来，他将一个只有2个人的小灯泡厂发展为日本家电行业的头狼，然后采取与飞利浦公司合作的办法，一步步迈向国际，成为世界级的品牌。

　　松下幸之助以他独特的经营管理理念和方法赢得了"经营之神"的美誉。晚年，他制定了松下公司250年的发展规划，也就是说，今后的社长，只要执行他的规划，按部就班地走下去，就可以高枕无忧了。

　　但是，计划赶不上变化，任何事物的发展都必然经历由量变到质变的过程。

　　1989年，95岁的松下幸之助病逝，之后的10年时间里，想以不变应万变的松下公司就危机四伏了。他们不了解变化，看不到市场发展的前景，没有去研究高科技行业对人们生活的影响，于是市场份额萎缩，利润逐年下降。几十万的公司员工翘首凝望董事会，盼望能从中诞生拯救者。

　　拯救者真的出现了，但既非来自松下家族，也不是从董事会中诞生。

　　他，中村邦夫，是被从美国召回来的松下电器产业公司总裁。他是一个危机感特别强的人，在松下的几十年里，兜里一直揣着一份辞职信。

　　他不爱说话，甚至有些腼腆。然而，温文尔雅的外表下却隐藏着标新立异的性格和雷厉风行的作风。

　　早年，他在日本秋叶原工作时就提出改革的想法，但因人微言轻而不被采纳，后来他担任北美负责人，进行了大刀阔斧的改革，并取得了很好的效果，这成了他后来调回日本，担任松下公司21世纪第一任CEO的重要原因。

　　松下幸之助一直在松下公司实行终身雇用制，数十年没有裁过一个员工，后来很多企业向他学习，终身雇用制一度成为日本引以为傲的制度。然而，再好的制度都是双刃剑，中村邦夫看到，公司的管理系统开始失效，如果不对此实行改革，公司将会被拖垮。

　　于是，2000年，他一上任就提出：公司创始人必须尊敬；创始人所定下的企业经营哲学不能被改变；但是，公司的组织结构可以改变。

　　松下幸之助早在20世纪30年代，发明了以"高度自治"为主要特色的事业部制度，为松下电器打下了良好的公司结构，帮助松下成长为日本顶尖的全球性企业集团，也成为"亚洲神话"的一部分。

　　然而，到了公元2000年，互相独立的事业部制已经显示了"过度割裂，资源分散"的管理弊病。因为事业部的视野只在自己的事业领域，一些可能促进增长的跨事业部产品就得不到支持。

　　中村的一系列改革中，受到最激烈反对的，就是改变松下幸之助所亲手创立的事业部制度。但中村还是取消了"事业部"制度，代以"经营领域"制度，例如"PAVC"经营领域，就是将松下旗下的音响、视像产品、手机、照相机、计算机等相关部门并成一个部门。

"经营领域"的领导人被赋予比事业部更大的权力。最有效力的一招是，松下电器的最高层给予每个"经营领域"一笔资金，然后让他们自负盈亏——如果亏损，自己想办法去搞好业务，寻找新的业务增长点。如果实在不行就淘汰掉。在这个基础上，"经营领域"对旗下的各种业务实行了大量的"选择与集中"战略。

在人员结构上，"中村革命"将过去繁杂的多级官僚体系，削减为三级左右的扁平化体系。他还实施了提前退休计划，关掉数家工厂，几年间，裁减了 1.3 万人。此外，他还打破了日本企业近半个世纪的"年功序列"，让年轻人更努力，为自己争取未来。

松下改革之后，索尼、东芝、富士通等也纷纷效仿，总计裁员 10 万人。

但是，松下电器也为变革付出了大量的成本。2002 财年，公司出现了有史以来的巨亏——纯亏损近 4300 亿日元；2003 财年，亏损减少到 195 亿日元。到 2004 财年，松下削减的各项业务就达到 1 万亿日元的销售规模。

在"节流"方面取得成果以后，松下开展了大量的"增效"活动。首先是引入了单元生产（CELL-STYLE）制造系统，让工人主动思考如何提高生产率，因为工资是与产出挂钩的。

另外，松下在全公司系统内花了 1200 亿日元建设了供应链管理系统（SCM），将全球的主要供应商都与松下的总部销售部门连起来。将信息的市场反馈从一个月缩小到一天。

供应链加上单元生产系统，一年时间就为松下整个公司节省下了高达 1201 亿日元的库存成本。

中村邦夫意识到依靠松下幸之助倡导的"自来水哲学"，销售价廉物美的商品，已经不能适应当前社会的需要，而从事科技含量高的产业，松下又先天不足。

于是，他提出让松下公司营运收入上大幅上升的"尖端武器"——"V产品"策略。所谓V产品，就是市场上能取得压倒性胜利（Victory），创造高价值的产品（Valuable）。通过大力推销这些拳头产品，松下创造了高额销售收入。

比如，一种"V产品"——斜桶洗衣机，可以不用弯腰就放入衣物，符合人体工学，特别方便坐在轮椅上的人，而且洗衣机的噪音被降至几乎感受不到，这样，就可以方便整日忙碌的日本人在晚上洗衣，也不打扰宝贵的睡眠。像这样的"V产品"，松下每年都要推出好几十种。

为了防止竞争对手很快抄袭"V产品"，侵蚀好不容易建立起来的市场优势，松下电器精选了自己"技术武库"里的一批"黑匣子"技术，注入在V产品里。所谓黑匣子技术，就是受技术专利保护，或是生产工艺不可复制，或是材料不可复制的技术，这样竞争对手就算打开了产品，也无法抄袭。

松下在技术研发上投下的重金，也使松下电器在"过冬的时候"，有了一件厚厚的"技术棉袄"。仅2003年，松下手上的专利储备就达到了48020项。

在本土市场需求不畅、供给饱和的情况下，海外成为松下重点扩张的市场，尤其是美国、中国及东南亚地区。在本土人员持续下降的时候，松下电器的海外业务人员却从12万人上升到了16万人。松下电器已经有

60% 的利润来自于海外业务了。

这些年来，松下不断增长的净利润表明，松下电器已经正式回到业务的上升轨道中。

中村邦夫的成功证明了：一个自控力特别强的企业家，时刻保持危机感，拥有正确的战略决策和强有力的管理，即使是一个跌倒的巨人，也可以重新站起来。

为了"人人生而平等"

19 世纪 60 年代之前，当美国南部的黑人处在奴隶主的控制下，被称为"黑奴"，被随意贩卖、鞭打、践踏，没有自由，没有安全的情况下，他们做梦也想不到，有朝一日，他们的国家将出现一位非洲裔的黑人总统。

140 多年前，美国出了一位为解放黑奴而奋斗，让世人永远铭记的伟大人物——林肯。1860 年，林肯成为共和党的总统候选人，11 月，选举揭晓，他以 200 万票当选为美国第 16 任总统。林肯于 1863 年 11 月 19 日，在葛底斯堡阵亡将士公墓落成仪式上发表了演说。在这公认的英语演讲的最高典范的演讲词里，他说："87 年前，我们的先辈在这个大陆上建立起一个崭新的国家。这个国家以自由为理想，奉行一切人生而平等的原则……在上帝的护佑下，我们的国家将获得自由的新生；我们这个民有、民治、民享的政府将永存于世上。"

1861 年 3 月，林肯就任美国总统。一个月后，他就为解放黑奴发动了南北战争，并两次颁布了《解放黑奴宣言》。经过艰苦卓绝的浴血奋战，黑奴终于被解放。然而，深受爱戴的林肯总统也付出了最为惨痛的代价——1865 年 4 月 14 日晚，担任总统仅数年的林肯在华盛顿的福特剧院被种族主义者刺杀身亡。

黑奴解放了，可美国社会的种族隔离和种族歧视并没有消失，在后面的岁月里，黑人还必须不断为争取平等的权利而斗争，一直到 20 世纪五六十年代，出现了黑人运动的另一位领袖人物——马丁·路德·金。

马丁·路德·金虽不是总统，但获得过博士学位，并身为牧师的他作为民权运动的代表，享有比总统毫不逊色的崇高威望与声誉。他领导了多起黑人反抗压迫的运动，为黑人争取了一项又一项的平等权利。

1955 年 12 月 1 日，一位名叫作罗沙·帕克斯的黑人妇女在公共汽车上拒绝给白人让座，因而被蒙哥马利警察当局以违反公共汽车座位隔离条令为由逮捕。马丁·路德·金立即组织了蒙哥马利罢车运动，号召全市近 5 万名黑人进行长达 1 年的抵制，迫使法院判决取消地方运输工具上的座位隔离。1963 年马丁·路德·金组织了争取黑人工作机会和自由权的华盛顿游行。

因为他的伟大贡献，1964 年，他被授予诺贝尔和平奖。那篇激情澎湃的演讲词《我有一个梦想》至今还在全世界追求自由平等的人们心中回荡。他梦想让美国成为包容各色人种的自由国家；成为一个不以皮肤的颜色，而是以品格的优劣作为评判标准的国家。但他也因此成为种族主义者的眼中钉，1968 年 4 月 4 日，他在旅馆的阳台被一名种族分子开枪刺杀，击中喉咙，当场死亡。此后，有色人种仍不断为争取自由平等的权利而斗争。那时候的美国人断不敢相信：40 年后，他们将会迎来一位黑人总统。

2008 年，奥巴马，这匹干练、自信、温情、睿智的黑马横空出世，他掀起了美国社会新的浪潮，让众多生活在社会底层绝不参与政治的人们和从来不愿意参与投票的年轻人，以及各有色人种都加入到这次美国总统大选的投票中来，从而为他自己赢得了最后的胜利。

奥巴马成功当选为美国第 44 任总统，创下了成为美国历史上第一位非洲裔总统的先河。他还创下了另一项先例——使一位奴隶的后裔成了美国的新"第一夫人"，这绝对是林肯年代和金年代无法想象的事情。形象阳光、活力十足的奥巴马代表着美国未来的"希望"。

奥巴马在竞选获胜后做了精彩的演讲。在演讲中，他清醒地认识到当前艰巨的挑战，但是他充满信心地说："我们国家真正的力量并非来自我们武器的威力或财富的规模，而是来自我们理想的持久力量：民主、自由、机会和不屈的希望。"

世界不太平、人生不平等，这是全世界普遍存在的现象。"人人生而平等"——这是从林肯到金，再到奥巴马一脉相承的信念。因为这些领袖拥有坚强的自控力，使得他们一生都在为实现"人人生而平等"不断努力着，美国的种族歧视观念也因他们的努力而得到改善。

自愿的"囚徒"

提起百科全书，人们的感觉是卷帙浩繁，非一般人家能够收藏得了，更非一般人能够编辑。按传统百科全书的规矩，那是提供了自己的学位证书，验明了正身的知名学者才能从事的工作。

严谨而烦琐的程序造就了英语的《大英百科全书》《美国哥伦比亚百科全书》，以及中文的《中国大百科全书》等的权威性。

然而，曾在美国芝加哥任期货及期权交易员，后来成立一家成年人网站的吉米·威尔士却想挑战这种权威，他想做一部史无前例的，用多种语言书写的，能够汇集全世界知识的，并为地球上的每一个人免费提供知识的百科全书。

这疯狂的想法源于 1999 年 10 月 20 日，价值 1250 美元的 32 卷本《大英百科全书》全部上网，供人们免费查询与下载。

《大英百科全书》全部上网的新闻，经全球 1200 多家媒体报道后，竟在一天之内惹来 1500 万的汹涌人流，令刚刚开通的网站顷刻间崩溃，两个星期内都无法正常运转。而且，由于各种原因，《大英百科全书》网络版的免费午餐没有持续太久，两年后，由于网络广告发展艰难，《大英百科全书》不得不放弃"免费"的承诺，宣布向个人用户收取 60 美元的年费。于是，建立一个真正"开放、免费"的网络百科全书的任务就落在了"维基百科"的身上。

起初，吉米·威尔士对百科全书抱着敬畏之心，战战兢兢地按传统百科全书的规矩，列了知名学者的花名册，设置了 7 道编校程序细细把关，每个编写者还必须传真自己的学位证书验明正身，但时间很快证明了他们的不自量力——18 个月的努力和 25 万美元只换来了 12 个词条。这次的失败令吉米·威尔士认识到像《大英百科全书》那样的精英路线显然走不通，不久，他发现了 Wiki——一个源代码开放的合作软件，也由此创造了一种新的百科全书生产模式。

Wiki 一词来源于夏威夷语中的"wee kee wee kee"，是"快点快点"的意思。在这里 Wiki 指一种超文本系统。这种超文本系统支持面向社群的协作式写作，人们可以在 Web 的基础上对 Wiki 文本进行浏览、创建、更改。

维基百科全书，2001 年 1 月 15 日正式成立，由维基媒体基金会负责维持，截至 2008 年 4 月 4 日，维基百科条目数第一的英文维基百科已有 231 万个条目，而所有 255 种语言的版本共突破 1000 万个条目，总登记用户也超越 1000 万人。在信息量上，它已经是《大英百科全书》的好几倍。

中文维基百科于 2002 年 10 月 24 日正式成立，截至 2008 年 4 月 4 日，中文维基百科已拥有 171，446 个条目，此外还设有其他独立运作的中文方言版本，包括闽南语维基百科、粤语维基百科、文言文维基百科、吴语维基百科、闽东语维基百科及客家语维基百科等。

与《大英百科全书》每个词条的权威性和完成时态相比，维基百科可以看成是一部活的，不断演化的百科全书，它不仅自己组织编写者，而且能够自我修复。

浏览维基百科上一个词条的历史记录，可以发现一个词条从最开始的简陋粗糙状态是如何经过一个个志愿编辑者的加工，而逐渐完善的，而且它永远没有终结点。

2005 年 8 月 5 日，来自 50 多个国家的 400 多个维基人到法兰克福参加维基百科大会。有一位记者登录维基百科，查看了关于德国的词条，修改了两个错别字，但令他懊恼的是，关于首次维基百科全球大会的信息页面上，前一天还有关于会议地点附近宾馆的链接，第二天就已经被人删除。开放的空间有利有弊——人人可以编写内容，一些人认为有用的信息在另一些人眼中则有广告嫌疑，也会被随意删除。

当媒体提到"维基百科"时，总免不了与《大英百科全书》比较一番。即使最保守的百科全书专家，也能感受到维基百科在短短 5 年时间内对传统百科全书的冲击。《大英百科全书》要当心的不仅是维基百科先天的"海纳百川，有容乃大"，更在于这些民间编写条目的质量提升之快。

但前《大英百科全书》主编麦克·亨利很不服气，公开嘲讽维基百科犹如公共厕所，它看上去很脏，所以用的时候多加小心。或者它看上去挺干净，令人产生错误的安全感，实际上人们不知道谁在前面用了这里的设施。

不过，维基百科的创始人威尔士对此却不以为然，虽然承认维基百科的内容质量良莠不一，但是威尔士强调麦克·亨利忽视了维基背后一个强大的社群，他们是内容的监督者，是一支不倦的清洁队。他说："维基百科真正的创造意义在于：在知识交流的混乱中产生了有序的规则，凝聚了巨大的社群，一起来定义知识，监督过程。"

纵观百科全书的历史，大儒们个人英雄主义的佳话不少。亚里士多德想凭一支笔记录当时的全部知识；古罗马学者普林尼凭一己之力完成了一部 37 卷的百科巨著《自然史》；公元 18 世纪，法国大学者狄德罗网罗了启蒙时代 184 位学者专家以 30 年时间编印完成全世界第一套现代百科全书《科学艺术及专业知识百科全书》。而到了维基百科时代，传统百科全书"专家书写"的权力被下放到了每一个网民身上。

曾经有人问吉米·威尔士：你如何说服人们不只是从维基上获取，而是对其有所贡献？吉米·威尔士回答："爱。"

这样的答案当然有矫情造作的嫌疑，但开放源代码运动的确多受理想主义的指引，维基百科也不例外。网上流传多个版本的《维基百科旅店》，其中一句歌词唱道："我们都是这里的囚徒，但我们是自愿的。"这很能概括这些民间百科全书写手深陷维基的心情，而之所以自愿，正是"天下人共享知识"的乌托邦理想。

从失败到成功，以及飞速发展，吉米·威尔士以他的坚定的信念和顽强的自控力促成了一部伟大的全民书写的百科全书。

与世界齐步走

在中国，提及克瑞格·贝瑞特的大名，可能知者甚少，但要是说到"英特尔"这三个字，恐怕很少有人不知道——那是家家户户电脑不可或缺的芯片。

从 1985 年英特尔在北京设立第一个代表处开始，英特尔与中国的合作就日趋密切，尤其是近几年，几乎每个月英特尔在中国都有新举措，而这十多年执掌英特尔，加强与中国联系的重要人物就是克瑞格·贝瑞特先生。

"贝瑞特是一个能够将英特尔变成世界级企业的人物。"一位英特尔前员工称。

贝瑞特 1939 年 8 月 29 日生于美国，毕业于加州斯坦福大学，先后获得了材料科学专业理学士、硕士及博士学位，曾在该校材料科学与工程系任教十年，1974 年加入英特尔任技术发展经理，直到 2009 年退休，没有离开过英特尔半步。

他是一个非常温和的人，以至于当他接过安德鲁·格鲁夫接力棒的时候，人们一度怀疑他的领导能力。当他临危受命，经过 6 年努力，把英特尔收入由 1998 年的 263 亿美元提升到 2004 年的 342 亿美元，仅其增长额就相当于 2005 年 19 个国家和地区的 GDP 总和的时候，再也没有人敢怀疑他的才干了。2004 年，他从 CEO 的位置退下来，接任英特尔董事长，直至 2009 年 5 月 20 日正式退休。

英特尔有一个"世界齐步走计划",是通过向世界各地的人们推广、普及信息技术来改善人们的生活。目标不仅是要提供买得起的个人电脑,而且要推出满足个性需求的定制化个人电脑,同时推动至关重要的互联互通、培养可持续的内在能力,并提供对人的一生产生决定性影响的教育机会。中国,在英特尔"世界齐步走计划"中处于重要地位。

贝瑞特每年都要来访华一次。每次来,他总要辗转各地,奉上丰厚的大礼。或在大学做演讲;或深入偏远农村,与村民寒暄,和孩子们共上英语课;或深入四川地震灾区,投入 3500 万人民币,在 8 个重灾县援建 200 个电子教室……

贝瑞特率领的英特尔在中国开展的教育计划极其全面,从基础教育到高等教育,从正式课堂到非正式课堂等一系列项目,秉承与全球一致的长期投资教育策略。英特尔甚至还宣布支持全国五所重点高校建立多核技术实验室。

在 2006 年 7 月 24 日,中国信息产业部就与英特尔公司签署了"共同推进中国农村、城市、企业和物流等信息化的合作备忘录",着力于推进中国农村信息化建设和推广信息化解决方案的行业应用。

尽管贝瑞特并不认为这些事业与商业利益有关,但其在教育领域的巨额投资,在社会上也产生了巨大的效益。贝瑞特所到之处,受到的欢迎不仅仅来自当地政府,更多的是当地百姓。他们对这位来自美国的"大人物"的善举充满感激之情。贝瑞特让英特尔在争夺市场上占据了先机,这对于英特尔实现开发农村市场的战略来说是开了一个好头。

比如，在广东湛江，经过一年的试点，英特尔捐赠了许多设备，他们的各种培训活动占据了当地农民的生活。一位农民说："知识改变命运，电脑改变生活。"英特尔向河南省鄢陵县西明义小学捐赠了30余台电脑，用于从事农村基础教学工作，西明义小学的学生每周可以接受三节电脑培训课程。

在这些村民、老师和学生的心目中，贝瑞特的高大形象巍然屹立。将来，这些成长起来的消费者，对英特尔的认同恐怕没有其他公司能够取代。

英特尔的信息产业部还将在16个省市进行试点。如果这16个省市的试点农村都受到英特尔"恩惠"，那么，英特尔在农民心目中将会是一个"多么好的公司"。能够及时捕捉到中国建设新农村的大趋势，英特尔的敏感和目光之长远远非同行所能及，而这些举措是在贝瑞特当上英特尔董事长之后开始的。

贝瑞特在接受《中外管理》记者采访时说："作为首席执行官和董事会主席所感受到的最大不同是，前者的工作重点集中于内部运营业绩，注意力多放在日常管理上；而作为董事会主席，则更倾向于把眼光放在长期战略上。"

当然，中国市场绝非贝瑞特的全部。英特尔2006年5月开始的"世界齐步走计划"，准备在5年内在全球投资超过10亿美元，主要从个人电脑普及、网络连接及增强教育等三个方面着力。主要策略是：研发功能齐全、符合各地区需要、价格合理的个人电脑；扩展宽带互联网接入；通过推行教育计划和提供资源，帮助学生从容应对全球经济。

　　这一计划不但有助于进一步提升英特尔的世界企业公民形象，也同时标志着英特尔将成为更多新市场的开辟者。

　　让英特尔的发展与世界齐步走——谁能不佩服"芯片"先生克瑞格·贝瑞特的非凡眼光，以及对理想的坚持专注？

把自己培养成全才

　　一个 63 岁的老人，在 2008 年福布斯中国富豪榜中，排名第 53 位的他并不显眼，可是，2009 年春节过后他宣布捐出他个人股份的 70% 成立慈善基金——这将近 40 亿人民币的慷慨捐赠让他受到广泛的关注。据胡润慈善榜统计，从 1983 年第一次捐款至今，这个人累计个人捐款已达 60 亿元。他，就是驰名中外的福耀玻璃的董事长曹德旺。

　　凡汽车生产厂家没有不知道福耀玻璃的。位于东南沿海福建福清的福耀是中国最大，全球第四大的汽车玻璃生产商。现在，德国奥迪、大众，韩国现代、日本丰田用的汽车玻璃就是福耀的，而国内每三辆汽车中有两辆便安装了福耀玻璃。

　　曹德旺说："你说谁是全才？曹德旺是全才。我会做财务，做任何公司的财务总监都是一流的；我会做会计，懂得做会计核算的办法，把报表拿过来给我，我便可以知道这里谁在做什么，我有这个水平；我懂生产，生产线上的每一道东西，我比他们还熟悉，因为是我自己设计的。"

　　是汽车玻璃给曹德旺带来了巨大财富，让他有底气在捐款的时候一掷千金。如今，这位享受着鲜花、掌声和光环的花甲老人，高调的言谈中折射出他内心深深的自信。

　　然而，曹德旺的事业并非一帆风顺，他也曾经遭遇过人生的滑铁卢。

　　那是 1994 年，曹德旺做汽车玻璃的第七个年头，福耀玻璃就取代日本汽车玻璃，占据了国内汽车维修市场六七成的份额。但是，随着福耀玻璃产量的快速增长，曹德旺却遇到了企业发展的一个致命的难题。那时，他的企业每年生产 20 万片的汽车玻璃，可配 20 万辆车。但那时，中国的轿车每年才增加几万辆。福耀玻璃在国内市场受到严重的制约，同时，很多人看到他做得很赚钱，就也来做这个生意，这让曹德旺感到压力重重。残酷的竞争迫使着曹德旺寻找新的出路，雄心勃勃的他把目光投向加拿大市场。

自信的曹德旺带着几万块玻璃赶赴加拿大后，很快就因为质量问题遭遇投诉，不仅玻璃被全部退回，他还付出了高达六七十万美元的赔偿。

从加拿大退回来的玻璃，在国内是可以销售的，可曹德旺认为：既然老外检测不合格，我们也不能拿给中国人。几万块玻璃，全部砸掉！心痛不已的他认识到和国外的差距，他需要高素质的人才，但那时候福耀是小企业，大学毕业生不来，国企退下来的则鱼龙混杂。为了保证队伍的纯洁，他决定自己去学，学完了回来教给员工。

当时已经 50 岁的曹德旺为了提高公司员工的素质走上了四处求学之旅。可是，人的精力是有限的，曹德旺不仅要自己学，还要手把手地教，一个企业的兴衰全部寄托于一个人身上，这压力太大。有一天，曹德旺终于忍受不了，他想出家去当和尚。

此时，一家创办于 1665 年的法国知名公司圣戈班集团想在中国开拓市场，他们慕名找到曹德旺，商谈合作事宜。国外资金和国际先进技术的注入，让福耀玻璃获得迅猛发展。3 年之后，曹德旺却宣布，终止和圣戈班的合作。原因之一是和圣戈班在管理流程上发生冲突。

在圣戈班，每件事都要经过十几二十个人讨论通过，这是让曹德旺无法忍受的，因为他觉得任何问题自己一个人就可以拍板。

　　另一个更大的原因是圣戈班只想把福耀作为其在中国的服务基地，不能向外发展，这与曹德旺把福耀定位为全球的汽车玻璃供应商的目标背道而驰。最后，曹德旺用 4000 万美元买断圣戈班在福耀的所有股份，并与圣戈班约法三章，圣戈班在 2004 年 7 月 1 日前不得再进入中国市场，这就为福耀在 5 年内排除一个强大的竞争对手赢得发展的时间和空间。

　　曹德旺深知，要想真正在国际市场站稳脚，就不能仅仅限于国际汽修市场，还要进入汽车设计行业的最高层——参与新车型的设计，而要参与新车型的设计，就要有良好的汽车玻璃的原材料。2001 年开始，福耀开始着手生产原片玻璃的策划。2004 年福耀原片玻璃生产线浮法线历经三年策划、论证，正式投入安装，而三条中的两条就是 21 世纪全世界最先进的浮法玻璃生产线。此后，福耀车间里浮法生产线就成了不停歇的"印钞机"，福耀的财富迅速积累着。与此同时，福耀的自主创新步伐也在有条不紊地进行着，在福耀集团的科研中心，汇集了从世界各地招募来的科研人员，他们正在为研制新型的汽车玻璃而孜孜探索。

　　2000 年以后的汽车对玻璃的要求不仅停留在挡风遮雨的初级水平上，更要求功能化。他们自主研制、生产出诸如：有抬头显示功能的玻璃，就是把仪表盘的一些数字投影到玻璃表面，驾驶员不需要低头就能看到汽车的驾驶情况；还有汽车防雾玻璃，可以防止冬天温差大造成的汽车挡风玻璃上出现水雾造成的危险。

　　曹德旺带领的福耀玻璃就是这样靠着质量和创新迅速占领国际市场。可是，正当他的汽车玻璃向世界各地扩张的时候，2008 年 11 月，曹德旺却宣布停掉全国 4 条正在赢利中的生产线。这个想法遭到所有股东的反对。谁愿意关掉 4 条"印钞机"呢？曹德旺却已经预计到金融危机将对他的企业产生影响，如果继续大量生产，不久之后，肯定会赔得一塌糊涂。面对股东的反对，曹德旺下了死命令，终于关掉几条生产线。烟囱虽然不冒烟了，但年逾花甲的曹德旺却从容地等待经济复苏的春天到来。

从商 30 年，曹德旺的成就足以令中国所有企业家侧目。福耀玻璃占据国内市场 70% 以上份额，全球市场 30% 份额，给宾利、宝马、奔驰、奥迪、通用、丰田等世界八大汽车厂商供货。2011 年福耀玻璃占有率排名世界第二，2012 年升到第一。

曹德旺是中国企业家中的异数。30 年来，他专心在汽车玻璃一个领域，没有做过房地产、互联网、矿山，没有做过股票、二级市场投资。即便是临近退休，也没有用自己庞大的资金，以及修炼成精的眼光和判断力去做眼下最热门的行业，为自己的百亿身价继续添砖加瓦。

绝对的专注与自控，使得曹德旺在汽车玻璃制造行业，将自己培养成"全才"，虽然很辛苦，但却拥有足够的自信与能力去将自己的事业做到完美。

第三章

聪明的人都懂得自控

自控力的基石：三思而后行

在中国，有一句俗话叫：三思而后行。是出自《论语·公冶长》，是这么说的：季文子三思而后行。子闻之曰："再，斯可矣。"意思是：季文子每件事考虑多次才行动。孔子听说这件事，说："想两次也就可以了。"

在美国心理学专家 Suzanne Segerstrom 研究人的自控力之后，也提出：三思而后行。与中国传统的说法有异曲同工之妙。

这位心理学家专门研究压力、希望等精神状态如何对身体产生影响。她发现，自控力和压力一样都是生理指标。当人需要自控的时候，大脑和身体内部会产生一系列相应的变化，帮助你抵抗诱惑、克服自我毁灭的冲动。她称这些变化为"三思而后行"。

"三思而后行"的反应和应激反应有一处关键的区别：前者的起因是自己意识到了内在的冲突，而不是外在的威胁。你想做一件事（比如抽烟、吃大餐、工作时间发微信或 QQ 聊天），但你知道自己不该做，或者你知道自己应该做什么（比如吃早餐、完成项目、去健身），但你宁愿什么都不做。这些内在的冲突是一种威胁，本能促使人做出潜在的错误决定。因此，需要保护自己，也就是需要"自控力"。最有效的做法就是先让自己放慢速度，而不是给自己加速（比如应激反应）。

让身体进入了更平静的状态，但不是完全按兵不动。它让你避免冲动行事，给你提供更多的时间，让你深思熟虑想办法。

对"三思而后行"反应的最佳生理学测量指标是"心率变异度"，即心率的变化情况。在人们面临压力的时候，交感神经会让自己心率升高，心率变异度降低；副交感神经会发挥主要作用，缓解压力，控制冲动行为，从而心率降低，心率变异度升高。心率变异度能很好地反映自控力的程度，可以用它推测谁能抵抗住诱惑，谁会屈服于诱惑。心率变异度高的人能更好地集中注意力，避免及时行乐的想法，更好地应对压力。

我们可以尝试着通过呼吸实现自控。具体做法是：将呼吸频率降低到每分钟4—6次，也就是每次呼吸用10—15秒，比平时呼吸要慢一些，只要有足够的耐心，加上必要的练习，这一点不难办到。放慢呼吸有助于身心从压力状态调整到自控状态。这样训练几分钟之后，就会感到平静，冷静面对压力，思考自己该怎么做，重新开始，迎接挑战。

很多人做决定的时候根本意识不到自己为什么做决定，也没有认真考虑这样做的后果。不少人患有"选择困难症"，该做决定的时候，自己的自控力不能起作用，寄希望于从别人身上得到启发，通常就会产生从众心理，形成"羊群效应"。也就是说个人的观念或行为由于真实的或想象的群体的影响或压力，而向与多数人相一致的方向变化的现象。

自控力不足的情况下，人们会追随大众所同意的，将自己的意见默认否定，且不会主观上思考事件的意义。无论意识到与否，群体观点的影响足以动摇任何抱怀疑态度的人。群体力量很明显使个人的理性判断失去作用，从众心理很容易导致盲从，而盲从往往会陷入骗局或遭到失败。这就需要我们调动自控力，三思而后行。

该出手时就出手，该放手时就放手

经济危机，人人都怕遇上，但这却是经济社会所无法逃避的。有识之士都知道经济危机中潜藏着机会，也知道成功抄底危机意味着未来前途光明，但是真正能做到的人不多，而在多次危机中都能抄底成功，使企业获得发展的人更是凤毛麟角。

从米店伙计到塑料大王，被称为"经营之神"的王永庆就是这样一个抄底危机的传奇人物。

王永庆一生遇到过无数次危机，他本人形成了一套度过危机的理论，他管它叫"瘦鹅理论"。

这个理论来源于二战时候他的一次经历。那时候，台湾地区农村几乎家家户户都饲养鸡、鸭、鹅等家禽，用吃剩的食物和杂粮喂养。当时，台湾沦为日本的殖民地，物资极端匮乏，人都吃不饱了，更没有剩余食物和杂粮可饲养家畜，只好让它们在野外觅食，因此，一般人家饲养的鹅总是瘦得皮包骨，每只都只有两斤重。

王永庆注意到当时农村采收高丽菜之后，都把菜根和外面一两层的粗叶丢弃在菜园里，而这些被丢弃的菜根和粗叶正是鹅的饲料。于是，王永庆雇人到菜园捡菜根和粗叶，再向碾米厂买回廉价的碎米和稻壳，几样混合就制成绝佳的鹅饲料。

接着，王永庆向农家收购瘦鹅，农家见养不肥的瘦鹅竟有人收购，正是求之不得。王永庆把四处收购来的瘦鹅集中起来，用自制的饲料喂食。

两个月之后，原本只有两斤重的瘦鹅，重量高达七八斤。

这一段饲养瘦鹅的宝贵经验，让王永庆深深感悟到：在危机中，只要能挨得过去，生存下来，就有发展壮大的可能。

其实，在他更小的时候，就有解决危机的意识。王永庆家穷，15岁小学毕业后他就被家里送到米店做学徒，干了一年半学徒，他回家跟父亲借了200块旧台币，到嘉义开一家米店。当时嘉义有30多家米店，各家都有自己的固定客户，王永庆的米店开张后没有客人来买米，这是他遇到的第一次危机。细心的王永庆观察到，别家米店卖的米，里面有沙子、小石子，他就决定把自家的米挑干净，让人家买回家洗一下就可以煮。这样，一下子就打开了局面，培养了不少客户。

但是由于战争的影响，粮食供应越来越紧张，他的米店开不下去了，只好关门。

在战争的危机中，他敏锐地发现了一个新的商机：第二次世界大战结束了，台湾地区百废待兴，大兴土木在所难免，于是他就做木材生意，这使他短时间之内掘到了人生的第一桶金，据说有5000万新台币，这在当时是一个了不起的数目。

很快，进这行的人越来越多，王永庆立即收手，找别的项目。百废待兴的台湾地区需要基础的原材料和初级加工的产品。这个时候一个叫"PVC"的新名词在台湾岛内盛行，王永庆注意到这个自己闻所未闻的新名词，在他自己还没有完全弄懂的时候，他就认为这是个了不起的商机。他询问了很多专家，然后准备做这个项目。

王永庆先找朋友融资50万美金，又得到美国援助67万美金，建立了一个 PVC 厂，每个月产量 100 吨。照理说，台湾岛内完全能够消化，但他的产品价钱比较贵，比进口 PVC 还贵，所以连 20 吨都没卖上。这下，王永庆碰到人生一个非常大的危机，怎么办呢？他仔细分析原因，发现产量越大，每个单位产品的价格就越低，所以他决定扩大产量，这样一来，跟他合作的人都不肯合作了。王永庆就变卖家产融资，1954 年成立了独资的台湾塑胶工业股份有限公司。

1979 年，伊朗国王巴列维被赶下台，接着两伊战争爆发，中东地区的石油出口大幅萎缩，一桶石油价格从 13 美金狂涨到 34 美金，又涨到 40 多美金，最高到了 50 美金，全球爆发了第二次石油危机，美国国内依靠能源生存的一些企业日子很不好过。

在这次危机中，王永庆又看到了机会，他决定到美国抄底去。经过考察，1983 年，他在德克萨斯州建了一个当时世界 PVC 产量最大的企业，解决了当地不少人的就业问题。1995 年，德克萨斯州政府为了感谢王永庆，就把 5 月 19 号定为王永庆日，可以说王永庆到美国抄底大获全胜。

王永庆抄底危机的例子很多，他的最后一次抄底是在 2008 年上半年。当时，快速发展的越南是一个对钢铁极度渴望的国家，从造船、摩托车，到大街上拔地而起的高楼，都在呼唤钢铁，但铁矿储量丰富的越南，一直以来都只是单纯开采矿石出口，而没有自己的钢铁工业。

而此时，台塑集团出现了大量的竞争对手——主要原料进口地中东有大批炼油、乙烯工厂在如火如荼地上马。仅在沙特阿拉伯，就有近 600 座石化厂即将竣工——这相当于台塑产量的 10 倍。坐拥原料优势的中东产油国，石化生产成本仅为东亚国家的三分之一，91 岁高龄的王永庆意识到：

到海外资源产地寻求新的投资产业，是台塑的出路所在。

于是，在2008年上半年越南股市、楼市双双雪崩，部分外资撤出越南时，已多次赴越南实地考察的王永庆决心下注。6月12日，越南政府给台塑在奇英县的炼钢厂一期工程颁发投资执照。

据台湾地区《经济日报》报道，该钢厂占地2000公顷，相当于1/4个高雄市。台塑持有该项目95%的股份，台湾达丰钢铁公司持股5%。台塑承诺，该工厂将引进世界最先进的炼铁、炼钢、轧铁的技术及一贯化设备。一期工程投资80亿美元，2011年完工，各式钢品年产量达到750万吨。如果最后的三期项目都得到批准，总产量将超过3000万吨，在亚洲仅次于中国的河北钢铁集团。

王永庆的这一次成功抄底成了没有接受越南抛来的橄榄枝的中国钢铁业的深层隐痛，中华商务网资深钢铁分析师马忠普评价说："王永庆选择越南经济低谷时进入，只需花费很低的成本，在时机把握上颇见功力。这是一笔划算的买卖。"

不过，在吸取经验教训之后，一些中国钢铁巨头开始尝试迈开新的步伐。宝钢和巴西淡水河谷合资在巴西建设一家年产量500万吨板坯的钢铁厂，中钢也在印度建设一家年产量500万吨的钢厂。

想在经济危机中存活，并更好地发展，应增强自身的控制力，学习王永庆的把握时机的眼光和解决危机的智慧：该出手时就出手，该放手时就放手。

认准方向就坚定不移地走下去

有段时间，国内乃至国际的各大媒体纷纷用"蛇吞象""中国农民拥抱欧洲公主"等令人咋舌的词语，来形容一位中国人做的一件使天下人吃惊的事情——才经营十多年的中国民营低档汽车企业"吉利"竟然以 18 亿美元收购了世界级名车——瑞典沃尔沃的 100% 股权。

这是中国民营企业近年来在海外最大的一起知名企业收购案。吉利集团一举成为中国，乃至全球汽车制造业的耀眼明星，这位导演"蛇吞象"的汽车狂人就是吉利董事长李书福。

李书福的人生波澜起伏，充满传奇色彩。

他从不讳言自己贫困农民的出身，他说："我是在浙江台州一个贫穷落后的山村长大的。"但是，他又说自己："第一不怕苦，第二不怕穷，第三当然是喜欢致富了！"这样的人生需求和性格决定了他敢闯敢拼，不按常理出牌，凡事想在他人前面，也走在他人前面，他能做别人不敢做，做不了，甚至不敢想的事，即使遇到全军覆没的挫折，也会很快振作起来，调整方向，重新上路。

他的生意是从 1982 年的照相开始的。当时，他 19 岁，高中毕业，他父亲给他 120 元，他买了个小相机，骑个破自行车满街给人照相。半年后，他赚到 1000 元，正式开起了照相馆。

一年以后，他迈出办企业的第一步，他选的工业项目是别人做不了的：

他在洗相的过程中发现用一种药水，经过它的浸泡，可以把废弃物中的银分离出来。他把分离提取出来的银背到杭州出售，后来干脆关了照相馆，专门做这个买卖。

1984年，他发现生产冰箱的零部件可以赚钱，于是就自己一个人生产，然后装包里，骑自行车把零部件送到冰箱厂。后来，李书福和其他几个兄弟一起成立了冰箱配件厂，他出任厂长。工厂效益很好，但他不满足只生产零部件，很快就做出了一个更大决定——生产电冰箱。那时，电冰箱是国家统一配售商品，不允许民营企业生产。但他决定冒险。

1986年，李书福研发、生产出电冰箱关键零部件蒸发器后，组建了黄岩县北极花电冰箱厂，生产北极花电冰箱。冰箱生产也大获成功，还成为国内冰箱行业的名牌产品。1989年，26岁的他已经是一个千万富翁。但1989年6月，国家电冰箱实行定点生产，他的冰箱厂没能列入定点生产企业名单。

于是，他离开"北极花"，怀揣上千万元外出求学，此后，他分别在深圳、上海、哈尔滨三地的大学进修学习过，一个明显的好处是——他能说一口较流利的英语。

其实，现在国内冰箱行业的名牌——美的与科龙，当时同样没有上国家的定点目录，但它们还是通过各种办法坚持生产了。这可能对后来李书福虽然没有取得轿车生产许可，却坚持要通过各种办法生产汽车是一个推动。

在深圳学习期间，因为装修宿舍，李书福发现一种进口装修材料市场前景不错。随即返回浙江台州，联合兄弟开始重新创业，生产这种材料。

装修材料给李书福家族带来了巨大的成功，直到现在，这份产业每年还有上亿元的利润。

李书福经商并不是没有栽过跟头，而且这个跟头还很大，大到伤筋动骨。那是 1992 年，海南房地产热潮正猛，李书福带着数千万元赶赴海南……结果，几千万全赔了，人都回不来了。还有一次，他发起一支以吉利命名的足球队，但也以失败告终。这两次的失败，给他最大的教训就是："我只能做实业。"

1997 年，在一片嘲笑和奚落声中，李书福以"汽车有啥了不起，不就是四个轮子、两部沙发加一个铁壳"的理解，进入被合资汽车厂商长期忽视的低端市场，以低价策略将吉利打造成拥有 6 个汽车整车制造基地，年产 30 万辆整车的自主汽车生产商。集团拥有吉利自由舰、吉利金刚、吉利远景、上海华普、美人豹等八大系列 30 多个整车产品。所有产品全部通过国家的 3C 认证，并达到欧 III 排放标准，部分产品达到欧 IV 标准，吉利拥有产品的完全知识产权。

经过 10 年的超速发展，2007 年初，吉利遭遇到史上最大的危机：自 2006 年年底开始，小型及经济型轿车销售量开始明显下降，2007 年上半年，发动机排量少于 1.0 升的小型轿车销量比去年同期下跌近 30%——吉利赖以生存的"低价制造"开始失去市场。

意识到危机的李书福着手调整公司战略。2007 年 5 月，吉利宣布进入战略转型，声称："吉利将不再打价格战。"吉利的宣传口号由"造老百姓买得起的车"悄然变为"造最安全、最环保、最节能的好车"。他说："造汽车其实很不简单，不然世界上为什么就剩下这几家。"

作为起步才十几年的中国民营汽车品牌，吉利想成长为汽车业的高端品牌，短期内是比较困难的。

为了实现自己的梦想，李书福经历了撕心裂肺的骨肉决裂，将和兄弟一起打拼创办的家族企业转变为现代化企业，实行职业经理人制度。历经两年，构建起一支专业的汽车研发、经管团队，开始了急速奔跑。

一个千载难逢的历史时刻伴随全球金融危机而到来，在这场危机中，吉利获益颇丰：从日本、欧洲引进了大量技术人才。因为仅靠自己培养，费时不说，水平也难以短时间提升；还从国外进口了许多以前花钱也买不到的设备，现在宁波新工厂的大部分设备都来自德国、日本。此外，吉利进行海外大抄底，买下了生产英式出租车的英国锰铜公司的股份，再收购世界第二大变速箱巨头——澳大利亚DSI公司，以强化吉利的研发与生产能力。

最划算的买卖便数18亿美元收购福特旗下的沃尔沃，此购买价不到10年前福特购买沃尔沃价格的1/3。

吉利此次收购案得到了政府的支持。2009年12月，商务部新闻发言人姚坚表示，商务部支持吉利收购沃尔沃。

2010年3月28日（周日），对于李书福来说，这是其一生中永远值得铭刻的日子。这一天，他的手和福特汽车总裁兼首席执行官Mulally的手握在了一起；这一天，他带领吉利将世界最安全的汽车品牌沃尔沃收入囊中；这一天，他站在世界汽车行业之巅，成为全球媒体关注和报道的对象；这一天，他被路透社称之为中国的"亨利·福特"……

虽然不按常理出牌，但是纵观李书福产业化的道路，是一步一步向上走的，这与他的眼光、预见、决断和魄力是分不开的。

如果，用简单的话来概括李书福这些年来的发展，应该是：敢为天下先，抓住机遇，认准了方向就坚定不移地走下去。

不张扬，做一匹低调的"头狼"

国内绝少有民营企业像他领导的企业这样使欧美巨头感到害怕，绝少有企业家像他一样影响全球行业格局，赢得国内外业界的一致瞩目，也没有一家企业的总裁像他这样不愿意抛头露面，以至除了业界人士外，普通人对他知之甚少。

若非几年前他领导的公司为应对新《劳动合同法》而安排7000人集体辞职事件和连续发生多起的员工自杀事件引起了社会广泛关注，很多人根本就不知道他的企业——"华为"的存在，更不知道早在2006年，华为就实现销售收入656亿元人民币，进入全球电信设备制造商前十名。2007年销售额突破千亿元人民币，进入世界500强，在网络接入、数据通信等领域的全球市场占有率列入三甲，成了国际明星企业。正如华为董事长孙亚芳说的："我们不愿做世界老大，但是，我们已经走在成为世界老大的路上。"

华为所取得的辉煌成就正是仰赖他——"头狼"任正非——一个长期不进入媒体视野，被员工称为"神龙见首不见尾"的领军人物的高瞻远瞩的领导。

任正非没有背景没有靠山。他的父母一生都在贵州贫困山区从事教育工作，家境极度贫寒。然而，父母依然坚持让7个孩子都读书，没有让他们放弃学业帮助支撑家庭。

对于自强不息的人来说，贫寒不是耻辱，而是人生的巨大财富。任正非认为正是父母的无私才保证了所有子女能够生存下来。他说："我的不自私是从父母身上学到的。华为这么成功，与我不自私有一点关系。"

　　"文革"初期，任正非大学毕业应征入伍，成了当时受人羡慕的解放军战士。在部队，坚持学习使他成为优秀的技术干部，有很多技术创新和发明，可因为父亲的"政治原因"，他多年与表彰无缘，也不被批准入党。但14年的军旅生涯还是深深地影响了他的信念，锻造了他的钢铁意志、执行力和社会责任感，帮助他成为实干家和宣传鼓动者。他说："我已习惯了我不得奖的平静生活，这也培养了我今天不争荣誉的心理素质。"这便是他后来为人刚毅却低调的缘故。

　　在华为，他一再提倡"低调做人，高调做事"，不但对各种采访、会议、评选唯恐避之不及，甚至连有利于华为形象宣传的活动也一概拒绝。他对此的例行说法是：公司不是上市企业，没有义务来满足外界的好奇心。相关政府部门多次提出华为可以把自己的成长经验拿出来交流，供其他企业借鉴。他的反应也是：企业的个性重于共性，没有任何参照价值。

　　由于为人低调，所以外界猜测他是一个性格内向，不善于表达自己的人。但华为的员工都知道他口才出众，可以旁征博引、口若悬河，说起场面话来头头是道，语不重样，不存在表达障碍。很多媒体感慨于任正非的睿智和低调，大力宣扬低调的价值。

　　华为，从最初的研发数字程控交换机开始，到2005年通过英国电信极为严格的"考试"，列入了"21世纪网络"计划优先供货商名单，提供语音、数据、IP网络等下一代网络的升级工作；随即与全球最大的移动通信运营商沃达丰正式签署全球采购框架协议，进入沃达丰的战略供应商之列；欧洲主流市场的大门对华为打开，华为全线实现终端产品在国际主流市场

的高端突破；再到 2007 年华为拿到德国运营商 T-Mobile 与 O2 的订单，
华为在欧洲实现全面突破。在南美，华为推行的网络专家认证影响力已经
不亚于思科的互联网专家认证。

　　如今，华为的产品和解决方案已经应用于全球 170 多个国家，服务全
球运营商 50 强中的 45 家及全球 1/3 的人口。2014 年《财富》世界 500
强中华为排行全球第 285 位，与上年相比上升 30 位。2015 年，华为被评
为新浪科技 2014 年度风云榜年度杰出企业。2016 年 5 月，华为起诉三星
侵犯移动通信及手机知识产权。

　　对于美国这个超级科技大国市场，华为更是久有染指之心，然而阻力
重重，被"思科"视作全球竞争对手，还成立了"打击华为"团队，把华
为告上了法庭。于是，华为辗转日本，通过成为日本 3G 新频段牌照的唯
一运营商 eMobile 的 3G 设备供应商而赢得纳斯达克上市公司 Leap 无线
的 3G 合同，正式进入了美国市场。

　　在这一条走向成功的坎坷道路上，任正非处处显现军人雷厉风行的作
风：他从军队继承的"攻无不克"的精神成了华为强大执行力的来源；他
一言九鼎的强势性格是华为高速发展的核心；他所创立的"土狼"文化，
更使华为成为连跨国巨头都寝食难安的一匹"土狼"。

　　华为的发展是中国现代企业发展的缩影，任正非的人生是由弱者转变
为强者的一部传奇历史剧，控制住一夜成名的张扬情绪和一夜暴富的疯狂
念头，长期低调地埋头做事，世界必将给予重大的回报。

世界级大师，一辈子只做好一件事

始建于 1204 年，作为法国历史最悠久的王宫，历经了 700 多年扩建、重修，达到目前总占地面积（含草坪）45 公顷，建筑物占地面积 4.8 公顷，全长 680 米规模的罗浮宫是法国人的骄傲。

然而，在 20 世纪 80 年代初，这座世界上最大、最古老、最著名的气势宏伟的宫殿的大墙内却是一座破败不堪的博物馆：灯光昏暗，地板肮脏，只有两个卫生间，模板和镜框上积着厚厚的灰尘，门卫邋遢无礼……最糟糕的是罗浮宫让人晕头转向。每年，到罗浮宫观光的游客有 370 万人次，他们中的大部分人在罗浮宫周围苦苦搜寻之后才找到其中一个狭小的、标志模糊的入口（罗浮宫的一位管理人员说：游客们提得最多的问题是："我们是怎么进来的？"）然后，他们在迷宫般的走廊里漫无目的地行走，以求在 5.5 万平方米的陈列面积，2.5 万件珍贵的藏品中寻找到那三件镇馆之宝——"维纳斯"雕像、"蒙娜丽莎"油画和"胜利女神"石雕。最后，游客们不是兴高采烈，而是垂头丧气地离开。虽然，巴黎人认为罗浮宫是巴黎最重要的组成部分之一，但是他们很少冒险进入罗浮宫，参观罗浮宫的游客只有三分之一是法国人，而这些法国人中只有十分之一是巴黎人。

1981 年，密特朗总统上台后着手实施一系列拖延已久的改革，在他的政府预算中，艺术方面的支出增长了一倍——他想实现法兰西"新文艺复兴"。这一年 12 月密特朗在爱丽舍宫会见了一位身材瘦削，说话温文尔雅的男子。尽管这位男子已经 64 岁，但他浑身散发着活泼敏捷、精力充沛、热情奔放的光芒。

　　这位男子就是贝聿铭，他是华人中在国际建筑艺术领域被承认的拥有大师头衔的唯一一个人。贝聿铭彬彬有礼地婉拒密特朗就改造罗浮宫的盛情邀请，他解释说，他的职业生涯已到晚期，他不再参与竞争（因为不久前的一次法国办公楼建筑群的设计方案竞争中他取得了胜利，可最后这个项目却落入一位在政府部门找对关系的法国建筑师之手）。密特朗回答说："我们还是灵活的。"后来，贝聿铭在不同场合一再礼貌地重复他对竞争的厌恶。

　　不久，密特朗就迫不及待地派特使到纽约直截了当地把这项工作交给了贝聿铭——这是法国唯一一项没有通过竞争，直接授予建筑师的大工程。而他不肯马上接受，要求给他四个月时间看看能不能真正把这个项目做下来。

　　他没有告诉任何人，只是带着夫人，三次秘密到达巴黎，一连好几天在罗浮宫周围闲逛，苦苦思索如何把当代的设计图案移植应用到经典文物上。贝聿铭后来说，他是用他的母语——中文——思考设计图案。（一生中的大部分光阴在美国度过的贝聿铭常用标准的普通话说："我是中国人。"）

　　密特朗聘定贝聿铭一事在法国各地激起极大的反应，不满之声惊起，那些法国建筑师不仅吃惊，甚至恼火，他们把贝聿铭看作是不请自来的插足者。

　　回到美国后，贝聿铭和他最信任的助手在他事务所的一间不对外开放的设计室里，与世隔绝地设计了一组错综复杂，占地面积达 5 公顷的石灰岩地下室群体，其中包括宽敞的贮存空间、搬运艺术品的专用电车、一间配有 400 张座位的视听室，一些信息的会议室，还有一间书店和一家豪华亮丽的餐馆——所有这些都将安置在罗浮宫古老躯体的内部。

这个方案改变了游客过去从这一头走 1000 步才能达到那一头的辛劳，只需走 100 步就可沿着呈辐射状向外散开的支线，探寻到在三个厢房里展出的有清晰标志的一批批收藏品。等到 165 间新陈列室 1993 年对外开放时，整修一新的罗浮宫成了世界上最大的博物馆，7 万件跨越诸世纪的艺术品重见天日，并得到了各自的位置。

贝聿铭设计方案的重心是建造一座在理论上每小时能够容纳 15000 人，高度为 70 英尺的玻璃金字塔。

当这个富有创造性的设计方案出台后，抗议风潮如火如荼，席卷整个巴黎。贝聿铭后来回忆：审查机构"历史文物最高委员会"收到设计方案后，"他们一个接一个站出来指责这个项目，我的翻译吓得心慌意乱，浑身发抖。我出来为我的主张辩护时，她几乎不能给我翻译。"

幸运的是，这个委员会的主张和建议对政府不具约束力，密特朗无条件地对设计表示支持。但密特朗的推崇无法阻止巴黎人时不时出现一场倾巢而出的公开大辩论。对贝聿铭进行攻击成了那段日子巴黎最为轰轰烈烈的要事，带头人是一群头衔各异的历史学家和政客，还有与此事毫不相干的自我命名的各种委员会。巴黎人不甘落后，以佩戴上面写着"为什么要造金字塔"字样的圆形小徽章表示他们的不满。走在街上，巴黎的女人们往贝聿铭的脚上吐唾沫。而无所不在的法国报纸则兴高采烈地记录下被他们称为"金字塔战役"的这场建筑论争的每一个新动态以讽刺挖苦贝聿铭。

但贝聿铭镇定自若，充满信心，当法国建筑师在记者招待会上对他群起而攻时，他铿锵有力地回击了他们。他以著名的乐观态度经受住了漫长职业生涯中最为艰巨的考验。法国的评论家说："贝是高明的外交家，每时每刻都表现得从容不迫，丝毫不为笼罩着他的异乎寻常的压力所影响。"

贝聿铭彬彬有礼但毫不妥协，翩翩风度中不失刚毅坚定的意志，渐渐地，人们开始接受他的项目。

1988 年 7 月 3 日，庭院和金字塔——罗浮宫崭新面貌的象征——全部竣工，20000 多名赶时髦的人士在里沃力街排队，以期先睹为快。入口处的队伍排了很长，绕着拿破仑庭院盘了两圈。连严厉的建筑评论家——英国王子查尔斯也喜欢上了它。

有一阵子，巴黎人对金字塔的狂热崇拜使埃菲尔铁塔黯然失色，金字塔成了巴黎特色的象征。最具讽刺意义的是一开始就对贝聿铭百般攻击的著名的《费加罗报》在头版头条位置声明："不管怎么说，金字塔非常美丽。"后来，他们为庆祝杂志增刊创办 10 周年，邀请上千嘉宾参加了有关活动，而地点就在该报原先耗费无数笔墨大肆诽谤的罗浮宫玻璃金字塔内。

有足够的信心坚持自己，即便在遇到令人难以承受的诽谤、嘲讽、挫折与坎坷的时候，意志依然能够如磐石般坚毅。这，或许就是大师与普通人的区别。

"我集中精力，不左顾右盼"

2010 年 2 月 25 日，白宫东厅，美国总统奥巴马为一位身着黑色镶红边套装的华裔女子披挂上紫绶带的金质奖章——美国国家艺术奖章，表彰她作为建筑师、艺术家、环保人士的卓著成就。这是美国官方给予艺术家的最高荣誉，而她是此次获奖者中唯一的亚裔。

她是与贝聿铭齐名的国际建筑大师林璎，她的作品遍布美国各地，她曾被美国《生活》杂志评为"20 世纪最重要的 100 位美国人"与"50 位美国未来的领袖"。

她是一个天才——虽然她的名字前面总是被人加上"林徽因的侄女"这几个字作为前缀，但这并不影响她的成就与伟大。

21 岁那年，她还在耶鲁读大四的时候，她设计的"越战纪念碑"在 1421 件角逐作品中脱颖而出，荣获第一。

这份让她出名的作品是她的一份课堂作业：这是一座低于地平线，倒 V 字形的碑体。黑色的、像两面镜子一样的花岗岩墙体，如同一本打开的书，又仿佛大地开裂，向两面无限延伸，在到达地面处渐渐消失。它们的走向分别指向林肯纪念堂和华盛顿纪念碑。这两座象征国家的纪念建筑在天空的映衬下高耸而端庄，越战纪念碑则匍匐着伸向大地，绵延又哀伤。

这一设计方案在问世之初，遭到了很多人的反对。一些越战老兵认为：纪念碑本该拔地而起，而不是陷入地下，这份色调灰暗且朴实无华的设计方案是对战死者的不敬。林璎的华裔背景也被人拿来大做文章，并由艺术观点差异上升到人身攻击，乃至政治攻击……

　　评委们重新审视 1421 件作品，依然认定她的设计最出色，国家纪念碑评审委员会最后给的评语是："它融入大地，而不刺穿天空的精神令我们感动！"支持的声音压倒了反对的声音。1982 年 10 月，纪念碑建成。熠熠生辉的黑色大理石墙上，以每个人战死的日期为序，镌刻着美军 57000 多名 1959 年至 1975 年间在越南战争中阵亡者的名字。据说要三天才能从头到尾看完所有的名字。一本阵亡将士名录安放在起点的石桌上，他们的亲友可以据此索引找到他，给他放上一朵鲜红的康乃馨，或玫瑰，或美国国旗。

　　如今，曾备受争议的越战纪念碑早已成为华盛顿最具观赏性的场所之一，每年来此参观的游客达 400 万之多。

　　除了越战纪念碑外，林璎的重要作品还有许多，其中之一是耶鲁大学斯特林纪念图书馆出口处著名的"女生桌"：一大片椭圆的黑色花岗岩的剖面，椭圆的中央有一个圆孔，水从螺旋上升的圆孔中不断涌现，均匀地一波一纹地向整个桌面漫去，无声无息，无休无止，亦水亦岸的剖面上，以波纹的走线，排列着耶鲁自 1873 年以后女生的名字和数字。它无声地告诉人们，在耶鲁 300 余年的历史中，有近三分之二的时间里没有女生，而最早有幸进入耶鲁的是两名艺术系的女生。这横如眼波的薄水就这样清清浅浅、顺顺柔柔地润化着女生入校时的数字和年代，一如女性的平和蕴藉。这是耶鲁建筑系华裔女生林璎留给母校的礼物。

　　其实，在耶鲁的前两年里，林璎没有选过任何一门建筑学课，但当她最后认定这一专业时，她说："我集中精力，不左顾右盼。我调整自己的课程，每周课程集中起来，然后我像其他那些不注意健康的建筑系学生一样通宵达旦地熬夜。"有一个学期，她没去过一次图书馆，她只是专注于她的建筑，从此以后，这就成为她的职业。

作为一个杰出人士，林璎的天分一部分来自自己的家族，她是两个非常有成就的中国家庭结合的后代。她的祖父林长民是一个学者、诗人、外交官。他的女儿林徽因，也就是林璎的姑妈，后来嫁给了戊戌运动的领导人梁启超的儿子梁思成。20 世纪 20 年代时，这对夫妇于宾夕法尼亚大学学习，学成返回中国，致力于记录和保存中国的建筑遗产。夫妇俩都是著名的设计家。1947 年，梁思成参与设计纽约的联合国总部。新中国成立之后，他和林徽因又帮助设计了新中国国旗、国徽和矗立在天安门广场的人民英雄纪念碑。林璎的母亲明慧，英文名朱丽亚，其父亲是上海一个有名的眼科专家，毕业于宾夕法尼亚大学。朱丽亚的祖母和外婆都是医生；其中一个还在 Johns Hopkins 受过训练。

在外人看来，林璎的才情，正是和姑妈林徽因一脉相承。但实际上，林璎不会说中国话，直到 21 岁生日的时候，她才第一次听到父亲提到姑母林徽因的名字，她才对自己的家世有所了解。据说，林璎的父亲曾经说过这样一段话：林家的女人，每一位都个性倔强，果敢独断，才华横溢而心想事成。

由此可见，林璎成功更重要的因素是排除外来干扰，沉浸在自己精神世界中的专注。

在中学二、三年级时，她就开始做自己想做的事情，她至今仍然讨厌别人用任何形式告诉她该怎么去做，对任何事情，她都有自己的想法。从俄亥俄大学的实验中学 Putnam 毕业以后，她上了公立学校，成绩在班上一直是第一名。六年级之后，她没有交过任何亲密朋友；她从不化妆也不会参加正式舞会。她说："我不知道为什么，我从没听过披头士的音乐。我似乎总是在自己的小世界里，不理睬外面世界的存在。"

接下来，一切都顺其自然，大量的荣誉和奖励接踵而来，1984 年她获得了美国建筑方面的权威奖项——美国建筑学院设计奖，随后又获得了总统设计奖。

1987 年，林璎获耶鲁大学博士学位，她是耶鲁大学有史以来获得该项学位的人中最年轻的一个。她被美国杂志评为"20 世纪最重要的 100 位美国人"之一。2002 年以绝大多数选票当选为耶鲁大学校董。

林璎的人生证明了一个永恒的道理：真正的成功没有捷径可走。如果将成功比作是一栋美丽的大宅子，那么家学渊源只是打下了一个好根基，而个人的自控专注、勤奋努力才能为这座建筑物添砖加瓦。

两次对微软说"NO"的人

2005 年开始,中国一家规模 2 亿美元的软件公司对规模 500 亿美元的世界软件老大——"微软"伸出来的收购、投资之手,两次说"NO",而大名鼎鼎的"微软"却用极大的耐心等待着……

两年后,2007 年 11 月 6 日,美国微软公司 CEO 鲍尔默乘坐自己的私人飞机抵达北京,与这家公司的董事长会面,双方进行了一次中国本土最大的管理软件公司与全球最大的软件公司之间的最具分量的对话……终于,两家公司的手握到了一起。

这家很"牛"的公司便是中国早期的财务软件老大,后来管理软件行业的领头羊——"用友"公司。

这家"牛"公司的"牛"董事长就是王文京。他出生在江西上饶一个贫困的小山村,1979 年,年仅 15 岁的他考上了江西财经大学,19 岁进入国务院做公务员,22 岁时,已经是国务院机关事务管理局财务司的年轻干部。因工作出色,被评为"新长征突击手",从贫困农村走出来,做到国务院的机关干部,他的经历让很多人羡慕。

可他,却在 1988 年偷偷跑去听北京展览馆举办的一次会议后不久就提出辞职。辞去国务院国家干部的职务,成了待业青年的他并不像其他人那样,下海挂靠国有企业,而是注册了一个在当时看来身份低级的个体户。然而,这并不妨碍他拥有成为世界级企业家的梦想。

1988 年,他注册了这家称为服务社的公司——北京市海淀区双榆树

"用友"财务软件服务社。

那时候，工商部门经常召集个体工商户开会，一大屋子人，什么行业都有，卖服装的，卖电子表、电器的，还有修鞋的、修自行车的，大家在一块儿开会，王文京的感觉特别好。因为他觉得这些人都很有能耐，凭自己的知识、能力，去劳动、去生存、去发展。

"用友"公司成立一两年以后，显示出很好的发展前景，一家国营单位相中了他，想让他去挂靠，他委婉地拒绝了。

当时的中关村一大批民营科技公司已经成立，闻名中外的中关村电子一条街初步形成，北京高新技术产业开发试验区也成立了。这里大部分公司都将目光投向电脑硬件，而王文京却另辟蹊径，涉足少人问津的领域——财务软件！

当时做软件比硬件艰难得多，因为那时软件都是随硬件被免费搭出去，有的人甚至还没有听说过"软件"这个词。

但是王文京发现中国很多企事业单位的财会工作方式很原始，就靠手工和算盘，随着电脑的出现，他们有变革的需求，他觉得应该有专业的公司提供会计软件、财务软件。另外，在中关村，买卖电脑已经有大批公司在做，他们再做已没有什么优势。

很快，王文京对市场的判断就得到了印证。1989 年 12 月 9 日财政部下发《会计核算软件管理的几项规定》，这项试行规定允许不同所有制的公司提供商品化的财务软件，这种推进市场化的做法给当时的"用友"提供了机会。

20 世纪 80 年代末，他们卖了一套软件给国旅总社，获得 7000 块钱，大家都非常高兴。这 7000 块在那个时候讲就相当于今天七百万的单子。

在一间只有 9 平方米的小房间里，王文京定下了 10 年后要达到 3000 万的规划。此外，他还为"用友"定了一个更大的使命目标——发展民族软件产业，推进中国管理现代化。1995 年"用友"提前实现了 3000 万销售额的目标，1997 年"用友"的营业额已经超过了 1 亿元，2007 年"用友"的年销售额更是超过了 13 亿，那个使命目标也在一步一步地实现了。

为什么要定下这么个使命目标呢？那是在"用友"软件形势一片大好的 1996 年夏天，王文京去东莞，一位经销商告诉他一个令人震惊的消息：东莞的财务软件越来越不好卖了。因为东莞是改革前沿，所以，王文京敏锐地捕捉到危机。尽管此时"用友"在财务软件市场还处于成长期，市场份额遥遥领先，但他却做出了一个大胆的决断：派公司相关人员做专项调研，然后决定从财务软件向 ERP、新企业管理软件转型。

"用友"自主研发一款企业管理软件，历时 3 年，耗资上亿，其间还经历了几次员工集体跳槽的情况，可产品上市后却出现了持续 7 年都呈亏损状态的状况。当周围的人多次建议放弃这款产品时，王文京却始终没有动摇。而正是这次转型，使得"用友"从全国财务软件市场的老大，又一跃成为中国管理软件行业的领跑者。

2000 年，那么一批只有财务软件、没有别的管理软件的公司最后存活不下去了，有的倒闭，有的转行，有的被"用友"收购。2002 年，"用友"成为中国 ERP 管理软件市场的第一。

2007 年 3 月 22 日，用友软件园正式开园。这里是亚洲乃至亚太地区最大的管理软件产业基地——用友软件园，规划总面积达到了 40 万平方米，能容纳 1.2 万人同时办公。在这个软件园里，王文京正编织着他的世界级软件企业的梦想。

专注地做一件事，才能够集中所有精力，对事情做出准确判断，才能把握机会，调整节奏，不断前进。

第四章

正确对待自己所拥有的一切

让自控成为一种习惯

教育和人生经历让我们知道自控力的重要。但生活中，我们常常被压力压制，被本能控制，而忘记自控力。

"南橘北枳"、"近朱者赤近墨者黑"，这两个成语告诉我们一个道理：你有什么样的朋友圈，就可能有什么样的选择和未来。因为身边人是最容易对我们产生感染力的，从而改变我们的行为，我们也会对别人产生感染力，从而改变他人的行为。

比如，现在家长都想方设法把自己孩子送进好学校，也由此催生了"学区房"问题，究其根源，家长们或有亲身经历，或有一定认知，认为在好学校能接触到更多好老师、好同学，对自己的孩子比较容易产生良好的影响，而在一般学校，自控力还比较弱的孩子就可能受到不好的影响，进而影响他的一生。事实也是如此，在一些重点高中录取率较高的初中私立学校，同班同学都是力争上游，受到影响，自己的孩子必然也要努力上进，争取考上理想的学校。

再比如，奥运会中中国乒乓球团队屡屡获得金牌，被称为"梦之队"，这与他们队员群体有关系。乒乓球队中很大一部分人都是世界冠军，当他们退下来后，便成为新球员的陪练，或从事其他行业。试想，在这样一个群体中，不仅技术能通过训练提高，自控力极高的前辈的优良作风也得以传承，所有人都是为国家而战，不考虑个人私利。这种思想互相影响，怎能不出冠军群体？

这是正能量的影响力，而负能量也有影响力。比如，中学禁止学生骑电动车上学，但是总有学生偷偷摸摸骑去，而原本看到禁令不打算骑的同学看骑的同学不仅没有受到处罚，还有各种方便，而且还很"酷炫"，于是不顾危险跟风。再比如，道路边上没有停车位，不许随便停车，我们明知乱停车是违规的，但偏有司机把车随便停在路边，其他司机看到了，也跟着停，马上会停一长串，如果没有警察抄车牌、贴罚单，很快这个地方就自动变成"停车场"。

由此可见，我们很容易感染别人的目标，从而改变自己的行为，会把草率的行为当作目标。

压力也会让我们失去自控力。

当我们没有太大压力时，我们知道抽烟酗酒、暴饮暴食、拖延症等的恶果。我们有意志去控制自己，以避免烟酒过度和过分增重危害健康，避免拖延影响工作和生活。但在压力下，比如：失恋，或者被炒鱿鱼导致情绪崩溃，我们就会把原先加以提防的事情忘得一干二净——压力把我们引向了错误的方向，让我们失去了理性，被本能支配。当拖延患者想到自己已经远远落后于进度的时候，他们会万分焦虑，这反而让他们继续拖延下去，不去面对落后于进度的事实。但当我们的压力渐渐缓解，我们便会看到自己因缺乏自控力造成的损害。

当遇到压力时，我们该怎么减压呢？美国心理学家协会的调查发现，最有效的减压方法包括：锻炼或参加体育活动，祈祷或参加宗教活动，阅读，听音乐，与家人朋友相处，按摩，外出散步，旅游，冥想或做体操，培养有创意的爱好；最没效果的方法是：购物、赌博、抽烟、喝酒、上网、追剧、玩游戏、暴饮暴食……

　　时刻提醒自己：做一个正能量的人，多与正能量的人来往，看到错误的行为不要仿效，避免更大的伤害和损失。如果自己没有自控力，就可能因为犯错而被别人控制。自控力不够的人需通过一些方法锻炼自己的自控力，达到令自己满意的程度。

"神童" 的勤奋

养育一个"神童"是所有父母的梦想，但很多例子证明：一个天才儿童不等于他一定拥有成功的人生。

有这么一位"神童"，他后来成长为世界一流的科学家、企业家，他的人生无疑是成功的。他说：成功需要三要素：IQ（智商）、EQ（情商）和阿Q（精神）。

这个人叫张亚勤，他12岁就考入中国科技大学少年班，曾是中国最年轻的大学生。1986年，20岁的他电子工程专业硕士毕业去美国继续求学。23岁，他获得华盛顿大学博士学位。31岁时，他荣膺美国电气电子工程协会院士，成为百年来获得这项荣誉最年轻的科学家；1999年，33岁的张亚勤获得美国电子工程师荣誉学会颁发的"杰出青年电子工程师奖"，成为第一个获此奖项的中国人。

他永远都会记得那一天：11岁，读初中的他正在与伙伴下军棋，母亲在旁边看书，班主任推门而入，拿出一张报纸给他看，报纸上写着一位特别聪明的孩子——宁铂考上中国科技大学的报道。偶像的力量给了他很大的信心，他决心也要考取。为此，他必须在七个月里完成高中三年的学业。他的母亲没有信心，而他靠着天赋和勤奋，七个月后，和全国610万考生一起走进考场，实现了自己的大学梦。这样，从小学到高中的课程，他只用了五年零三个月。

他5岁丧父，母亲和外祖母很注意培养他的独立学习生活能力。12

岁上大学时，母亲没有送他去，他独自乘火车，连行李托运也是自己去办理的。

在大学，刚开始的时候，因为年纪小，他的生活跟不上节拍，学习也并不拔尖。母亲常告诫他：你是普通的孩子，要保持平常心。所以他没有压力，一直保持着平和、快乐的心态，默默努力，坚持不懈，渐渐找到了自己的位置，并以第一名的成绩考取了研究生。

研究生毕业他去了美国，到美国才两周，他就遇到挑战。他的导师皮克·霍兹教授是一家科学杂志的主编，导师给他一堆关于世界最新通信技术研究的文献，要他在一个月内写出评论。他到图书馆借了60多本书，不仅按时完成了评论的功课，还把所有的公式都推导一遍，导师非常吃惊，对他说："你现在可以做博士了。"这让他信心倍增。那以后，他不断获得奖项和荣誉，他在世界工程界最权威杂志发表论文100篇，其中50篇是他独立完成的——这是很多工程师梦寐以求而无法实现的目标。

33岁，当他获得美国电子工程师荣誉学会颁发的"杰出青年电子工程师奖"的时候，当时的美国总统克林顿给他发来贺信：您领会了勤奋和承诺的真正意义，您的成就无疑也是对大家的一种巨大鼓舞。

1992年，张亚勤第一次见到了比尔·盖茨。1999年，他放弃了美国四大科学研究中心之一——桑纳福多媒体研究室的总监职位和优越的科研条件，加入微软，回国筹建微软中国研究院。

在一年时间里，张亚勤带领微软中国研究院多媒体小组发表了80余篇论文，在网络协议领域申请注册了40项美国专利，做出60项新发明，并有8项成熟技术转让给相关产品部门。

听了张亚勤的汇报后，深受震动的比尔·盖茨对他手下的其他管理者说："我敢打赌，你们都不知道，在微软中国研究院，我们拥有许多位世界一流的多媒体研究专家。"

3年后，张亚勤把微软中国研究院变成了微软亚洲研究院（MSRA）。微软亚洲研究院是享有盛誉的全球顶级计算机研究机构，被《麻省理工学院科技评论》选为全球最引人瞩目的计算机科学研究院。他在2000年至2004年担任研究院的院长兼首席科学家。他于2003年创建了微软亚洲工程院（ATC）。他为微软公司的技术创新和产品研发做出了杰出贡献。2004年他晋升微软公司资深副总裁，回到微软总部掌管微软全球移动及嵌入式产品 Windows Mobile 以及 Windows CE 平台。他是领导微软进入PC之外市场的核心领军人物。

此外，张亚勤在推动中国本土科技创新和教育方面也做出了令人瞩目的成绩。他在中国多所知名高校（如清华大学、北京大学、中国科技大学等）任客座教授并担任同济大学校董，积极为中国教育事业贡献力量；此外，他还担任北京、上海、重庆等地政府的经济和科技顾问，为当地经济和科技发展做出贡献。

2008年5月6日，微软中国研发集团总部在中关村奠基，仅园区建设投资就超过20亿元人民币。这是微软第一次在中国置地盖楼。9年的时间里，张亚勤将一个不到10人的研究院拓展成为拥有3000名员工的研发集团。

可能，人们认为微软选择张亚勤，这算是他成功的标志，而事实应该说是张亚勤足够的成功吸引了微软。

2014 年 9 月，他从微软公司辞职，转投百度，任百度总裁，直接向百度创始人李彦宏汇报。

从"神童"到科学家，再到企业家，张亚勤用天才的专注力，以勤奋和智慧书写了人生成功的华美篇章，创造了一段精彩的历史。

在大海中掌舵

他，只承认自己是大海的儿子，只喜欢别人称呼他为"船长"，不喜欢"总裁"，也从不承认自己是"船王"，可希腊的"船王"们无不对他顶礼膜拜。

他就是手里掌控着3000亿国有资产的中国远洋运输（集团）公司（简称：中远集团）总裁——魏家福。他领导的10年，中远集团得到长足发展，货运量达到5000多万吨，是当年希腊著名船王奥纳西斯最强盛时期的5倍，也是香港船王包玉刚的5倍。

从2003年，他获得由《劳氏日报》和《亚洲海运》联合颁发的年度"海运名人大奖"以来，他获得的奖项不计其数。如："港口领航人大奖"、"巴拿马海运卓越大奖"、"全球航运和物流业行业领袖人物"、"世界杰出华人勋章"、"海运统帅奖"、"十年商业领袖"……目前，他还在世界各地海运协会、委员会、联合会上担任会长、顾问、委员等职。

回顾他的人生之路，应能带给我们一些启示：

1950年，他出生于江苏一个普通农家，毕业于武汉理工大学，后在大连海事大学获硕士学位，在天津大学获博士学位。

他历任中国—坦桑尼亚联合海运公司总经理、中远控股（新加坡）有限公司总裁、天津远洋运输公司总经理、中远散货运输有限公司总经理等职。

他受命于危难之时。1998年11月，东南亚金融危机爆发的第二年，他就任中国远洋运输集团总裁，接下的是一个"烂摊子"。到任前，中远制定的战略是"下海、登陆、上天"，分别搞航运、房地产和航空货运。到1998年，公司全年利润只有5.18亿元，且主营业务航运实际亏损。

在被任命为中远集团总裁后，魏家福先请来一批国务院发展研究中心的专家，花8个月时间为中远集团制定了一份未来10年的发展规划。随后，这个规划被他浓缩成了两句话：从全球航运承运人向以航运为依托的全球物流经营人转变；从跨国经营向跨国公司转变。他收缩投资战线，除航运主业必须更新的投资计划外，其他投资一概不批，用了不少时间才让中远喘过气来。

中远在魏家福的领导下，越来越赚钱。2007年便获得较高利润，净赚340亿元。2008年，前9个月赚了300亿元，可是，全球金融危机袭来，17万吨的货轮每日租金从28万美元，一路下跌至2000美元，中远的收入在第四季度骤降巨亏，最后盈利降到了174亿元。2009年是受危机打击最沉重的一年，全年利润只有14亿元，但2010年前6个月的利润就达到了60亿元。

与其他国内航运巨头相比，中远除拥有最大的船队，也拥有更多港口码头和物流设施。中远的迅速发展壮大与魏家福擅长抄底危机是分不开的。

他上任不久，就收购了美国长滩码头，使其成为首个海外运营的集装箱码头。"9.11"事件后，多家外国船运公司撤出，9000多名工人面临失业。马萨诸塞州州长写信给魏家福，请求支援。当年3月，中远开辟了波士顿航线，中远变成了"第一个美国政府用鲜花和掌声主动请进来的中国航运企业"。

　　2010 年 6 月 1 日中远集团顺利完成了对比雷埃夫斯 2 号码头 35 年特许经营权的全面接管。这是中远击败和记黄埔、迪拜国际等竞争对手最终获胜。业内人士普遍认为：接管希腊最大的港口，中远集团是"捡了个大便宜"。

　　远洋运输，索马里海盗是绕不过去的一个坎。2009 年，中远遭遇海盗袭击的船就有几十艘，2010 年上半年也有 20 多艘。为此，中远开发了一套专门的远洋船舶在线跟踪与安全警报系统。

　　作为新中国被海盗绑架过的第一个船长的魏家福认为：防海盗要以预防为主。在海盗出没区域活动，船只要格外警觉，要有专门的值班看守。发现 8—10 海里外有一群小船高速靠近，就要全船拉警报，全副武装地拿着各种防卫东西，绝不能让海盗登船。

　　如今，魏家福带领中远已经实现十年发展规划。从全球航运承运人到以航运为依托的全球物流经营人，从跨国经营向跨国公司转变，把一个资金链濒临断裂的中等海运公司打造成世界 500 强成员，中远在大踏步地前进着……

　　天才的企业家，不必出身高贵，但必须专注、踏实、敏锐而大胆。魏家福做到了，所以，他成了公认的资本运作高手，成为"最具价值经理人"。

通往成功的"独木桥"

不可否认，郑渊洁是一位实力派的作家。每年中国作家富豪榜中，郑渊洁这位"童话大王"都已 1000 万以上的版税收入稳居排名前列。他的《皮皮鲁总动员》在中国图书销售排行榜上击败了长期霸占首位的《哈利·波特》。那么，这位影响了两三代中国儿童的"老顽童"是如何开始他的创作之路的呢？

郑渊洁写作文是从小学二年级开始的，有一次作文的题目是《我的理想……》，当时人们的观念是：一个人要想有出息，就得从小立下远大志向。一般同学写的是长大当科学家、工程师、老师……就他写了个《我想当一名淘粪工》。几个星期后的一天，上课时，老师把他叫上讲台，当着全班同学的面说："你的那篇文章很特别，我把它推荐到校刊上，发表了。现在，你可以免费领两本，其他同学交一毛八买一本。"这件事给了郑渊洁极大的鼓舞，让他觉得自己是世界上作文写得最好的人。

在央视的"咏乐汇"上，李咏曾问他：为什么要写这样一篇作文？他说，当时就想尝试一下和别人不一样，而那时候全国都在宣传一个劳模——淘粪工人时传祥，他就这么写了。至于为什么要别出心裁，他说，这要感谢他的妈妈。他妈妈不太会讲故事，但有一个故事是经常给他讲的：一天，森林里发洪水，大家要跑到对岸安全的山上。河上只有两座桥，一座坚固的大桥和一座独木桥。除了一只山羊选择走独木桥，其他动物都挤到那座大桥上。大桥不堪重负，倒塌了，而选择走独木桥的山羊存活了下来。这个故事告诉他，要成就一番事业，一定要与众不同，这成为他一生的指引。

在他读三年级的时候，老师出一道作文题目：《早起的鸟儿有虫吃》，主题是要催人奋进。而他却一定要将题目改为《早起的虫子被鸟吃》，这在现代的教学眼光来看是逆向思维，无可厚非，那次，他的作文非但没有得到表扬，还被老师狠狠惩罚了一顿，气愤不过的他在课堂上发泄了自己的满腔怒火，他也因此被赶出了校园，再也没有去上学。后来他为此事真心地向老师道了歉，但他特立独行、敢于创新的文风从此变得更加没有约束。

1977 年恢复高考，周围的同学都去考大学了，他也想去。但他妈妈反对，理由还是——要走自己的"独木桥"！

1984 年，他的童话创作已渐入佳境。他的一个朋友告诉他，某某杂志因为登了他的作品而销量激增，他打电话去想请杂志社增加稿酬。但杂志社回绝了他——"郑渊洁你凭什么说我们杂志的销量增加是因为你的文章？"是啊，一本杂志的文章那么多，作者那么多，凭什么是他郑渊洁的作品让销量增加的呢？要证明这一点只有一种办法，就是办一本只有他一个作者的杂志！他回家查了不少材料，证实古今中外杂志都是由多位作者撰写的，从来没有唯一作者的杂志。换了别人，可能以为这条路被封死了，但他却觉得，自己要找的"独木桥"终于出现了！

1985 年，专门刊登郑渊洁作品的《童话大王》杂志创刊，他一口气签约 30 年，独自一个人为这本杂志撰稿！小朋友要读皮皮鲁、鲁西西、舒克和贝塔的故事就一定要订阅这份杂志。《童话大王》创办 20 年来在海内外影响颇大，是中国发行量最大的纯文学月刊，月发行量最高时逾百万。

　　坚固的大桥平坦、好走，谁都愿意走，但是喜欢走的人多了也就拥挤了，看不清前路，甚至有倒塌的危险，当坚固的大桥上人满为患的时候，另辟蹊径，走他人所没想到、不敢走的"独木桥"，或许，成功就在独木桥的彼岸。

缺乏安全感的掌舵人把握着前进的方向

马云——一个普通的名字，一个不普通的人。

他率领他的阿里巴巴运营团队汇聚了来自全球 220 个国家和地区的 1000 多万注册网商，每天提供超过 810 万条商业信息，成为全球国际贸易领域最大、最活跃的网上市场和商人社区。

他创立的阿里巴巴被国内外媒体、硅谷和国外风险投资家誉为与 Yahoo、Amazon、eBay、AOL 比肩的五大互联网商务流派代表之一。它的成立推动了中国商业信用的建立，在激烈的国际竞争中为中小企业创造了无限机会，实现了"让天下没有难做的生意"。

他创办的个人拍卖网站——淘宝网，成功走出了一条中国本土化的独特道路，从 2005 年第一季度开始成为亚洲最大的个人拍卖网站。

他是中国大陆第一位登上美国权威财经杂志《福布斯》封面的企业家；2002 年 5 月，成为日本最大财经杂志《日经》的封面人物；2000 年 10 月，被"世界经济论坛"评为 2001 年全球 100 位"未来领袖"之一；美国亚洲商业协会评选他为 2001 年度"商业领袖"；2004 年 12 月，荣获 CCTV 十大年度经济人物奖……

他创建的阿里巴巴两次被美国的《福布斯》杂志选为全球最佳 B2B 站点之一，多次被相关机构评为全球最受欢迎的 B2B 网站、中国商务类优秀网站、中国百家优秀网站、中国最佳贸易网……阿里巴巴成立至今，全球十几种语言 400 多家著名新闻传媒对阿里巴巴的追踪报道从未间断，被传媒界誉为"真正的世界级品牌"。

　　马云头上的光环太多太多，他的成功已经巨大到使他几乎被"神"化。那么，他的成功靠的是什么？

　　1."现在，公司进入最危急状态！"

　　作为一个企业的领导者，马云有着天生敏锐的嗅觉，他能够比别人预先感觉到"冬天"（金融危机、互联网泡沫等）的到来。

　　第一次他宣布公司进入高危状态是在2000年，那是互联网发展最美好的时代，IT业的从业者个个胸怀美梦、志存高远。

　　2000年9月10日——马云的36岁生日这天，他的忘年交，74岁的金庸作为阿里巴巴第一届"西湖论剑"的主角应邀来到杭州的西子湖畔。四位配角是：网易CEO丁磊、北京时代珠峰科技有限公司（my8848网）董事长王峻涛、搜狐董事局主席兼CEO张朝阳、新浪总裁兼CEO王志东。

　　金庸的到来，令上百位媒体记者闻风而至。这，对于此前一直没有什么名气，连IT记者都因为担心自己写的是一个神奇故事而不敢进行宣传报道的阿里巴巴而言，是一次知名度放量的良机。

　　然而，就在以"新千年、新经济、新网侠"为主题的西湖论剑刚刚令阿里巴巴人激动没几天，马云就宣布——公司进入高危状态！大家都非常吃惊。这是因为马云没有被一时的风光冲昏了头脑，他清醒地意识到IT行业人人向往的国际化对阿里巴巴来说，只是一场美梦，像"过山车"一样接近失控，他必须把这辆车刹住。

　　当时，阿里巴巴做国际网站的主要目的是帮助中国企业出口。要出口，海外必须有买家，如果没有买家，这个出口就是假的。那时候，马云在欧洲和美国做推广，做了很多演讲，效果不佳，最惨的一次演讲是 2000 年，在德国，1500 个座位上只坐了 3 个人。

阿里巴巴内部的声音开始变得杂乱，要求公司转型的呼声也此起彼伏。

于是，马云将海外的那些扩张得太迅猛却没有什么作用的机构关闭，这给他带来痛苦，让他感觉自己成了不诚信的中国人。

第二次他宣布公司进入高危状态是在 2007 年 11 月 6 日，这一天被称为"阿里日"——阿里巴巴网络有限公司在香港上市了。

当天，阿里巴巴就以 260 亿美元的市值一跃成为中国第一互联网公司，并创造了冻结资金第一、当天涨幅第一、香港股市市值最大的网络股等多项纪录。

那时，在阿里巴巴，人人都在享受"财富盛宴"，一天之间，4900 名员工成了百万富翁、千万富翁、亿万富翁。

但是，就在酒酣、饭香、言欢、意浓之际，17 位创始人却突然被马云召集到了一个相对安静的房间里。

"现在，公司进入最危急状态！"马云宣布。他比别人提早看到了危机的到来，这意味着阿里巴巴要依靠上市当天融到的巨额资金，来支撑一个漫长而寒冷的冬天。

2. 天生敏锐的嗅觉

马云总是在大家都沉浸在成功的幸福迷雾中时，宣布公司进入最危急状态。

有人认为这是因为马云天生缺乏安全感，所以，在创业及经营中，一点风吹草动都会让他不安。

在早期即追随马云并曾做过其助理的金建杭看来，马云尽管没做到"读万卷书"（他只喜欢读金庸的武侠小说），但却做到了"行万里路"。游走于全球的马云，经常接触的都是世界顶尖的人物，从他们那里，他获得别人无法获取的信息，以及对未来经济发展形势的判断。

马云对"红顶商人"胡雪岩也颇为推崇。胡雪岩曾说过，"如果你了解一个县的情况就可以做一个县的生意；了解一个省的情况就可以做一个省的生意；了解天下的情况就可以做天下的生意。"这让马云一直铭记在心。所以，他努力使自己具备"了解天下"的能力，在视野上要"看全球"。

3. 一个接一个的"贵人"

在创业几个月后，最困难的日子来临了。大家凑的50万，本打算坚持10个月，但没过几个月，就一分不剩了。于是，创业者们不得不熬过了两个月没钱、没盼头的日子。甚至打车，都不敢打桑塔纳，只敢坐夏利。

在这样的境况下，马云居然还拒绝了38个投资商。理由很简单，那些投资太过短视或功利，甚至要直接干预经营。

幸运的是，在华尔街混迹多年的瑞典银瑞达集团（Investor AB）副总裁、职业投资家蔡崇信在1999年10月正式加盟，让阿里巴巴的"资金饥渴"得到缓解。

蔡崇信是拥有耶鲁大学经济学及东亚研究学士学位、耶鲁法学院法学博士学位的中国台湾人，他和马云见面后，做了一个看似疯狂的决定——放弃70万美元年薪和国际投资公司的稳定工作，加盟阿里巴巴，拿500元的月薪。

蔡崇信的到来，让阿里巴巴从一出生就逐渐正规化、国际化。

马云事业上的第二个贵人是孙正义。软银集团（Soft Bank）董事长孙正义是国际知名的"电子时代大帝"（美国《商业周刊》语），他还有一个中国式的封号——"网络投资皇帝"。

孙正义 23 岁时创立了软件银行公司，业绩高居日本首位。1995 年，他看准了网络产业，投资雅虎。3.55 亿美元的投入，不仅催生了世界头号网络公司，还让软银拥有的雅虎公司股份的市值在 4 年后达到了 84 亿美元。

那些来寻求投资的互联网公司声势浩大，穿着如香港电影里的人物的 CEO 带领着 CFO，三四个人一起进去的，而阿里巴巴却是马云一个人孤零零地走进去。但是，他只花了 6 分钟就搞定了孙正义。

然而，当孙正义问马云需要多少钱时，马云竟回答："我们不缺钱。"正是这欲擒故纵的一招把孙正义牢牢地绑住。孙正义派人考察过阿里巴巴后，他答应了马云的一些条件，比如，亲自担任阿里巴巴的顾问，有一些投资是孙正义自己的钱（而非简单的公司行为）。孙甚至还表态说："我们要把阿里巴巴培育成世界上第二个雅虎。"

当然，马云也没有让他失望，孙正义退出时，获得超过 70 倍的回报。

2001 年，中国互联网的普及运动已经达到高峰，但"互联网的冬天"说来就来，以王志东结束新浪网 CEO 生涯为代表的一批早期的"互联网英雄"开始谢幕。

此时，阿里巴巴的账上只剩下了 700 万美元。最要命的是，马云和他的阿里巴巴没找到一条赚钱的路子。往日阔绰的投资家们，也在 2000 年 4 月纳斯达克网络股的泡沫破灭之后露出爱财逐利的真面目。

祸不单行，在阿里巴巴遭遇资金难题的时候，内部的谣言、外界的质疑蜂拥而至。第三个贵人——关明生，就是在这样的时刻加盟阿里巴巴的。

这个喜欢引经据典、言辞风趣、曾在美国通用电气工作了 15 年的香港人，是阿里巴巴早期的"铁血宰相"，是鼎力帮助马云度过互联网"冰河季"的重要人物之一；他还将马云想到但做不到的团队文化、价值观发挥到极致，并将自己在跨国公司摸索、积累若干年的管理思想精华融合进来，打造出一种独特而又魅力十足的"阿里文化"。

一个曾在阿里巴巴工作过的人，后来在网上写过一篇匿名文章，对关明生推崇备至："在原 COO 关明生在任期间，这个从美国通用公司出来的可敬老人极力推崇价值观，公司里的每个人不仅要对九大价值观倒背如流，而且也要在工作当中身体力行，并作为 KPI 考核中的重要部分，哪怕你工作业绩再好，但无法认同公司的价值观，那对不起，请立马走人！那时的阿里巴巴，人和人之间的关系非常融洽，公司上下充盈着一种团结祥和、奋发向上的气氛，并深深影响着后面进来的新人。"

4. 路在何方

1999 年 2 月 20 日，马云在杭州西湖的一所普通住宅里，召开了第一次员工大会。当马云和盘托出他的 B2B 构想时，引起了一些争论。当时，中国众多的中小企业如果想做外贸，可选择的渠道只有广交会。马云想做一个 BBS（网上论坛），让那些中小企业在同一个网络平台上发布信息，以促成买卖双方的交易。反对者则认为，应该效仿雅虎和声名渐起的新浪，做一个门户网站，理由也很充分，大家都去做，证明大家都看好。但最终，马云的逆向思维发挥了作用："大部分人看好的东西，你不要去搞了，已经轮不到你了！"

　　当阿里巴巴成功以后，几年来，在全世界起码有上千家企业宣称自己和阿里巴巴提供同样的服务，不少企业甚至扬言将要取代阿里巴巴。而模仿阿里巴巴的企业大有人在，不少企业甚至直接拷贝阿里巴巴的产品，连"如有问题，请与阿里巴巴联系""发生诉讼，由杭州市中级人民法院管辖"这样的服务条款都屡次出现在这些模仿者的产品服务条款中。

　　那么，马云是怎样看待这些跟风者、模仿者、挑战者？

"抠门"的超级巨星

遗产，是把双刃剑，中西方富豪们对遗产的处理方式不尽相同。同是美国富豪，国际投资大师罗杰斯曾说："假如中国 A 股真的进入熊市，会是好消息，我会买更多留给女儿，希望她们能成大富翁。"富甲天下的比尔·盖茨在伦敦庆祝自己 50 岁生日的时候，则对在场的记者表示：名下的巨额财富对他个人而言，不仅是巨大的权利，也是巨大的义务，他准备把这些财富全部捐献给社会，用于资助贫困国家的卫生与教育事业。

在亚洲老富豪们正忙于如何转移资产给儿孙，以规避遗产税的今天，中国香港，也有这么一位富人，前些年。他出席广东旅游文化节开幕式，接受采访时表示：这辈子要做到生不带来，死不带去。要在死的那天做到银行里零库存、零存款。他认为，唯一的儿子要有本事的话就不需要他的钱，如果没本事的话，他宁愿捐掉，也不愿意让儿子败掉。这个人便是以节俭著称的娱乐圈"大哥"成龙。

据媒体报道，贵为超级巨星的他日进斗金，除去已经捐给慈善事业之外，还有 20 多亿的财产。但是生活中的他也没有什么名牌的包装，常常是一套牛仔服或一身唐装。他住豪华饭店，却嫌饭店洗衣费太贵，竟然每晚自己动手洗内裤和袜子。各地记者去外景地探访时，他的浴室一定是热门观光景点，因为浴室里晾满了他的内裤。

他告诉《洛杉矶时报》的记者："我住比佛利山饭店的时候，只用过饭店的香皂一两次。我会用浴帽把用剩的香皂包起来带走，在旅途中继续使用。"尽管连续几年蝉联港台明星收入的冠军，但他在拍戏时却会叮嘱剧组的成员：在洗手间"大号"，卫生纸不要两张叠起来用，要用单张。

成龙的节俭也给同行者带来压力。比如，和他同桌吃饭，如果点的餐没吃完，可是会被念叨。每年金马奖的庆功宴，他都选在同一家餐厅举行，他有时会拿起一碗很小的担仔面说，自己吃不完一碗，想和别人分一碗。搞得很多人受不了，都喜欢先在他这桌听他说话，然后再到别桌吃饭。拍戏吃快餐，他要求大家吃不完的盒饭不能随便丢，打包带走，加工后又是一餐饭。令人印象深刻而又大跌眼镜的是拍《警察故事3——超级警察》时，有天晚上外景队特别宴请前来采访的记者和各地嘉宾，成龙忙着穿梭在各桌间聊天打招呼。侍者从一桌上撤下空盘，盘子上还漂着几片菜叶，眼尖的他立刻把盘子接过来，一一挑起菜叶吃了，再把空盘交给侍者拿走。

与很多慈善家一样，成龙对自己"抠门"的同时，在慈善事业方面却出手大方。

汶川地震后不久，江湖地位显赫的他振臂一呼，联合香港娱乐圈大佬、英皇娱乐老板杨受成捐款1000万元，拉开明星赈灾序幕。

除了慈善捐款，他还积极投身各种公益活动。长期以来，拍片之余，他参与众多的慈善演出，拍卖私人物品，奔波于全国各地捐建"龙子心"希望中小学，到敬老院探访老人，探望贫困学生……

他从身边做起，从约束自己做起的环保让人有口皆碑。在他的博客里，他这样写：我觉得每一个人都有责任去保护环境，保护我们的地球。如果我们连干净的水、安全的食品都吃不上了，那我们创造再多的财富都是没有用的。记得前几年我参加了中国环境文化节的晚会，还有绿色中国筑长城活动，等等，我觉得用我的影响力去感召人们切身地投入到环境保护中去是很有意义的事情。我的剧组每一次喝的矿泉水瓶我们都会放到垃圾分类箱里；我们到一个地方去拍戏都会注意清理垃圾、保护当地的环境；我们出去都尽量少开车，这些小事情都是环保的表现。

　　在他的影响下，他身边的亲人朋友都学会了节俭。

第五章

有自控力，小人物也有大作为

失控不是因为自控力薄弱

　　我们有时候会误以为"失控"是因为自控力薄弱。比如：减肥，有时候会出现越想抑制吃东西的冲动，结果吃得越多。

　　人为什么会思想，会有感觉，会对一些事物热烈追求。这些行为某些方面有可能是我们身体内一些化学物质在神经系统中的作用。多巴胺是下丘脑和脑垂体中的一种关键神经递质，能直接影响人的情绪，同时中枢神经系统中的多巴胺浓度又受精神因素的影响。这种神奇的物质可以使人感觉兴奋，传递开心激动的信息。当我们强迫自己想"不能""不允许"的时候，就会触发"奖励中枢"释放多巴胺，强烈刺激中枢神经，使得本来无所谓的东西，会变成强烈的"我想要"。这就造成越不能做越想做，导致决心失效。

　　"奖励中枢"是自控力陷阱的根源。奖励系统是人类最原始的动力系统，会促使我们通过行动追逐"想要的"东西，大脑分泌多巴胺，带来对得到"想要的"东西的美好期待，让"奖励"变得极其重要，只想得到这个刺激，而不顾其他的。实际上得到东西也未必真的就幸福快乐。而多巴胺不仅带来期待，还会刺激压力区域释放压力荷尔蒙，让我们面对刺激诱惑时，产生焦虑压力。但在多巴胺刺激下，更多聚焦快乐而忽视焦虑压力。

　　在追求快乐的时候，"奖励中枢"极易被现代社会无处不在的诱惑刺激，驱使我们不断追逐所谓快乐的期待，而这些快乐的期待真的对我们有用吗？

虽然我们没有经历过运动员为争取奥运冠军而长年累月都必须有强烈的自控力的体验，但我们或许有这样一种感受：高中阶段，尤其是高三，高考前，是我们学习力和自控力最强的时候，每天做很多题，读很多书，学习到深夜，第二天还能继续上课，继续刷题背书到深夜，周而复始，一直到高考。上了大学之后，时间宽裕了，但人却懒散，提不起精神来了，到了放假回家，更是懒得一发不可收拾，熬夜看剧，晚睡晚起，暴饮暴食……再也回不到高三的学习状态了。

为什么会这样呢？难道时间越宽裕，自控力就越薄弱？真相不是这样的。

其实，保证我们高三阶段高效运转的是习惯，而不是自控力。在高考之前的那种紧张的学习氛围里，我们被动地养成了很多习惯——每天有规律地上课、刷题、吃饭和睡觉，我们目标明确——每个月、每个星期乃至每天复习什么，做什么考题，都是已经安排好了的。这些事情在那段时间里，是我们生活中的习惯，就像我们吃饭一样，拿碗、装饭、拿筷子、吃进嘴、吞下肚……这一套习惯的流程执行起来毫不费力，并不需要自控力。当进了大学，课程安排变得自由了，你丧失了那些老师早已替你安排好，而你一直被动接受的习惯，开始自己规划学习和生活时，才是需要自控力的时候。无论是校园里的"成熟期学霸"，还是社会上的精英人士，其高效的学习和生活，并不像我们往常以为的那样，依赖于天生强大的自控力，而是得益于后天构建起来的习惯体系。

另外很重要的一点：人的自控力和肌肉力量一样是有限的。当我们背或提重物走很长一段路后，我们就会腰酸背痛，最好马上卸下重物并躺下休息，这就是肌肉力量耗尽了，自控力也一样，我们在日常生活中要面对各种各样的诱惑：美食的诱惑，淘宝五折的诱惑，明星八卦新闻的诱惑，朋友圈里海外代购的诱惑，淡季出国低价游的诱惑……我们要反复抵抗这些诱惑才能专注于另一些重要的目标，比如学习和减肥。每拒绝一次诱惑，自控力就消耗一分，如果面临的诱惑太多，总会有一个时刻，我们会累到无力抵抗，任由不良行为支配我们的生活。

　　不过，好在经过休息，肌肉酸痛可以复原，而自控力经过休息也能恢复正常。就像每个人天生的力气大小不一样那样，自控力强弱也不同，有人的超强，有的人极弱，大部分处于中间状态。力量可以通过训练得到增强，自控力也可以通过训练得以改进。

管住蜜蜂，成为一代"毒王"

有人喜欢选择轻松且赚钱多的活儿，如果能够不劳而获就更好了；有人喜欢在创新中燃烧生命的激情，即使为之付出巨大的代价也会被最终的成就感所取代。

福建农林大学蜂学院教授缪晓青就是后一种人。按理说，他可以和很多教授一样教书、做课题、外出讲学，凭借自己拥有的知识过一种闲适的知识分子生活，然而他并不是墨守成规、安于现状的人。15岁起，他就凭借着对无线电、电子技术的浓厚兴趣以及超常天赋，发明了电蚊香、电热毯、鼓风机等东西。然而，对无线电有着极大兴趣的缪晓青在高考时，却因一分之差与重点校失之交臂，阴差阳错地来到了蜂学专业。但缪晓青并没有就此放弃喜爱的无线电，而是尝试着将电子技术结合到蜂学专业上。

平常蜜蜂蜇人靠的是蜂毒，蜂毒的医学价值非常大，用蜂毒治病古已有之，资料显示：国外一克蜂毒的价格有45美金之多。

目前，我们国家有600多万群的蜜蜂，一群蜜蜂一年大概有十多克的蜂毒，就是说600多万群的话，一年至少有60多吨的蜂毒存在于自然界中，这可以产生很大的经济效益，相当于是一座非常大的金山等待开发。

然而，传统取蜂毒的方法非常残忍，因为蜜蜂取完毒后肠肚就会被拉断，导致死亡。带着对蜜蜂的怜悯，喜欢钻研无线电技术的缪晓青在1979年上大学时就研制出了一种电子取毒器，可以很轻松地取出蜂毒，而且对蜜蜂没有丝毫的伤害。大学毕业留校后，他又将取毒器进一步改良，设计出蜜蜂电子自动取毒器。用电子取毒器取毒不伤害蜜蜂，蜜蜂排完毒以后就可以跑掉了，肚肠不会拉断。

此项发明很快引起了国内外的重视，1985—1986 年，不断有人来信询问购买该产品。此后，取毒器的影响越来越大，问题却也随之产生。当电子取毒器卖出 100 多个的时候，就开始有蜂农找到缪晓青，他们要求缪晓青解决蜂毒的销路。为了不让蜂农吃亏，缪晓青动员父母亲将家里前期生产销售电热毯、鼓风机等物所赚的钱拿出来收购蜂毒。几年下来，居然收购了 20 多斤蜂毒，而家里的 300 万全部砸了进去。这些蜂毒堆在那里，缪晓青也找不到销售的门道。卖，又卖不出去，囤积着，又怕蜂毒变性，缪晓青进退两难，于是他想：何不自己开发利用蜂毒？缪晓青开始思索蜂毒的研究应用。

由于思考得太过专注，有一次，缪晓青骑着摩托车经过一片田地，路边恰巧有根电线伸出，将正在沉思中的缪晓青的衣领钩了起来，缪晓青还嗔怪是谁在跟自己开玩笑，缓过神来的时候，摩托车已然开出了好一段路。

另外一次，也是一心两用，却出了车祸。那天，他仍是骑着摩托车，也正因为满脑子都想着蜂毒实验的事，车行至福建农林大学门口的时候，没注意缓冲带就在面前。一紧张，加了油门，结果摩托车非常快地撞过去，缪晓青整个人就这样狠狠地被甩到旁边去了，瘫在地上，站不起来。

双腿一动不能动的缪晓青马上被人送到了医院，诊断结果让缪晓青几乎绝望。CT 出来，发现腰四、腰五跟腰五底都严重地膨出，整个椎核破裂了。福建中医学院教授王和鸣看到这么大椎间盘突出，怕长时间压迫，神经会受到伤害，建议他要手术治疗。

缪晓青问开刀能有多大把握治好，王教授说只有50%，也就是说万一不成功就彻底瘫痪了。

面对大夫提出的做手术的要求，缪晓青拒绝了，他决定在家里躺在床上养病。

躺在病床上，晚上不能睡觉，因为躺着不动，不过10分钟就开始发麻，受不了，就得叫人帮忙慢慢搬动，时不时换一个位置。

缪晓青做出躺在家中床上养病的决定是有原因的，因为他自家有一种祖传的中医配方，治疗跌打损伤非常有效。接下来的日子，缪晓青的父亲每天给缪晓青熬药，可是，20多天过去了，没有丝毫的效果，缪晓青开始绝望了。

按照常人的观点来看，300万的资金全部收购了蜂毒，卖又卖不出去，大量积压，如今又瘫痪在床，一动不能动，每天还要喝难以下咽的中药，而且最要命的是这祖传的中药秘方也不管用——这些都是因为他自己发明的电子取毒器惹的祸！

为了不让父亲伤心，缪晓青决定把父亲熬的中药悄悄处理掉，但是，把药倒在哪里呢？在缪晓青的床头一直摆放着装着蜂毒的烧瓶，他决定把中药倒到这个烧瓶里。

这一倒，奇迹竟然发生了——

缪晓青倒完药顺手把烧瓶摇了摇，在摇晃的时候，有药水溅到手上，因为腰痛，他又用这只手去抹腰，没想到抹完以后居然觉得很舒服。这是车祸之后20多天里第一个晚上睡了个好觉。

接下来几天缪晓青继续用烧瓶中的中药和蜂毒擦拭腰部，让他欣喜若狂的是，12 天之后，他居然能下床走路了。

兴奋的缪晓青赶紧找到瘫痪时为他看病的福建中医学院的王和鸣教授，看到缪晓青居然能这么快康复，王教授非常惊讶。

听了缪晓青的介绍，王和鸣教授对蜂毒和中药的混合物充满了兴趣。他是卫生部的药审委员，有着职业敏感，认为这么好的药应该开发成国家批准的新药，造福更多的老百姓。

蜂毒让缪晓青瘫痪的身体重新站立起来的消息不胫而走，很多患者前来就诊，电话络绎不绝，甚至半夜三更都打来，还有艾滋病患者也来求他发明药物医治绝症，整个生活秩序被打乱了，这让缪晓青的妻子很是烦恼。

缪晓青决定研究新药，这个消息在福建农林大学很快传开了。蜂学院的教师要研究药，这让人们很不理解。整个学校认识他的人都讲：你搞无线电我们相信，你做狗皮膏药谁相信你呢？更有人说：你搞兽药还马马虎虎，搞人药谁能相信你？所以他当时感觉自己是远离人世，在一个孤岛上的流浪儿，没有依靠，没人信任。

不仅学校里嘲笑声不断，家里人此时也不再支持他，这更让他感到孤独。

尽管单位里没人理解，尽管妻子反对他继续研究蜂毒，但缪晓青对蜂毒研究的前途充满信心，他还是决定继续研制。

要研制出一种新药可不是一件容易的事，除了研制药品需要资金外，新药立项、报批药号也需要大笔的资金。钱从何而来？缪晓青决定让家里提供援助，可是，300 万已经砸进蜂毒里了，还要向家里要钱，一家人怎么也不同意。

有一次，他爱人拿钱叫他去买油，他却拿去买药，还将药带到实验室里去做试验。妻子在家里等着，半天没有见到油，到处找他，后来在实验室里找到他，回来是一顿臭骂。

虽然家人反对继续研制蜂毒，但缪晓青却在坚持。一天，他正在研制"神蜂精"，由于太过专注，不慎将左手放到了粉碎中药的粉碎机中，中指瞬间断了两节。缪晓青说："当时就觉得震一下，也不痛，触电一样，手一缩回来，感觉到一下烫下来，一看，原来血喷出来了……"

他的手指没了，一家人心里都很难受，看到缪晓青为研制"神蜂精"付出了血的代价，家人决定无论如何都要帮助缪晓青完成他的心愿。

家里人把房子作为抵押，贷款 30 万支持缪晓青，有了钱，缪晓青就赶紧科研立项，报批药号，不久之后，新药的报批手续全部通过，但是，要进行批量生产，还是需要一大笔的资金，钱又从何而来呢？

就在缪晓青为没有钱进行工业化生产而发愁的时候，他医治的一个病人帮了他的忙，这个病人是深圳的一个老板。为了感谢缪晓青用神蜂精治好他的病，他决定出资 1000 万帮他建设厂房和车间。两年后，一个现代化的生产车间矗立在福建农林大学的边上。

一路波折坎坷，"神蜂精"的产品终于出来了，但是怎么卖呢？缪晓青平时只会做研究，被学校里的人称为"书呆子"，根本不懂得如何推广。起先，他只是在福建农林大学校内开了几个专卖店，销路一直不好。直到 2003 年的一天，中国女排前主教练——陈忠和的到来，才让情况有了转机。

原来，女排训练非常艰苦，伤病问题一直困扰着主教练陈忠和，一次偶然机会，正在福建漳州进行集训的女排队员们用了缪晓青研发的"神蜂精"后，感觉对缓解伤痛很有效，于是，陈忠和邀请缪晓青为队员们进行了一场讲座，并疗伤。事后，陈忠和对"神蜂精"的神奇功效非常赞赏。

于是，陈忠和与缪晓青商量合作：请他长期给中国女排提供"神蜂"产品，而女排则给他的产品指定为"中国女排唯一专用"。2004 年 4 月 12 日，双方正式签约，"神蜂"产品成为中国女排唯一专用产品。

有了女排的推广，缪晓青的"神蜂精"终于打开了销路，目前全国各地的代理商已经达到 200 家，不到三年，缪晓青就资产过亿，蜂毒的金山终于渐渐浮出水面。

治好了无数病患，也为了今后医治更多的病患，缪晓青希望"神蜂"品牌可以发展成长久生命线。为此，他一直坚持教学、科研、生产、销售的一体开发。同时，在不规范的市场面前，缪晓青始终"出淤泥而不染"，率领神蜂公司生产高质量的蜂产品。

如今，缪晓青身兼数职：福建农林大学蜂学院的教授、院长，福建蜂学医院的院长，福建神蜂科技开发有限公司的创始人……但是，说到他最喜欢从事哪项工作，他还是热心于科研。

他说："赚钱，对我来讲是其次的，我希望通过把自己的成果转化，赚一点钱，来加强研究的条件。"

与同是福建农大科研成果转化的另一位优秀代表不同，至今已聚集了诸多荣誉，却长期保持低调的缪晓青，一直心系学校的发展。他接受中央电视台的《科技人生》栏目采访，也正是出于对宣传学校的考虑。

他认为："树苗吸收了土壤的养分，才得以长成参天大树。无论它的枝丫再怎样努力地伸向苍穹、枝繁叶茂，它的叶尖应该始终指向大地，以庇护这一方养育它的土地。即便一定程度上，为达到平衡，土壤会抑制植物生长……就个人而言，即便我的根系可以延伸向其他地方汲取养分，我也不会舍弃农大这片土壤的。"

他表示，将继续以福建农林大学为依托，发挥科技作用，开发出更多优质蜂产品，将其推向国际市场，造福人类。

中国有句古话：天将降大任于斯人也，必先苦其心志，劳其筋骨，饿其体肤，空乏其身，行拂乱其所为，所以动心忍性，曾益其所不能……

中国还有一句老生常谈：坚持到底就是胜利！

这两句话用在缪晓青身上真是非常合适。缪晓青和蜂毒打交道的这么多年，充满了神奇色彩：本来想研制电子取毒器减轻蜜蜂的痛苦和病人的痛苦，没想到却把家底儿给搭进去了；为了研制蜂毒，下半身几乎瘫痪了；为研制蜂毒，自己的手指断了……这里面随便哪件事搁在一般人身上恐怕都要将其击垮，而缪晓青凭着坚定的信心坚持下来了，最后他获得了成功。

腾飞始于蛰伏

在《韩非子·喻老》里记载了一个故事：楚庄王莅政三年，无令发，无政为也。右司马御座，而与王隐曰："有鸟止南方之阜，三年不翅，不飞不鸣，嘿然无声，此为何名？"王曰："三年不翅，将以长羽翼；不飞不鸣，将以观民则。虽无飞，飞必冲天；虽无鸣，鸣必惊人。"这则关于楚庄王励精图治、振兴楚国的故事，便是"不鸣则已，一鸣惊人"典故的最早出处。

故事中的楚庄王，为春秋时代楚国著名的贤君，他少年即位，面临朝政混乱，为了稳住事态，他表面上三年不理朝政，实则暗地里在等待时机。为了楚国的振兴，他知人善任，广揽人才，在楚庄王的领导下，国家日渐强盛，楚国成为春秋五霸之一。

回顾历史，有被囚禁羑里的周文王，在随时都可能被商纣残杀之时，仍专注于八卦，最终演成了《周易》；失明的左丘明，在永生的黑暗之中，艰难地著成了史家巨著《国语》；还有被奸人陷害挖去膝盖骨的孙膑，身虽残却仍将祖上的《孙子兵法》发扬光大；司马迁隐忍宫刑，发愤十二载著《史记》；诸葛孔明隐身隆中多年，一日出山便能够运筹帷幄之中，决胜千里之外；曹雪芹十载贫寒写就《红楼梦》……

太多太多的例子说明了"蛰伏"不是为了永远地沉默，而是为了有朝一日"一飞冲天"。就像诸葛亮临终那一年写给儿子诸葛瞻的《诫子书》里说的："非淡泊无以明志，非宁静无以致远……"

要有所作为，就一定要控制住想尽快获得成功、攫取财富的浮躁，在生活节奏日益加快的今天，做到这一点是有一定难度的，但如果做到了，就有可能获得极高的回报。

有这么一对夫妻，他们学服装设计，在校期间就积极参加各种服装赛，初出茅庐就在中国时装界小有名气，但他们知道：服装属于文化范畴，需要很深的文化积淀，不能太急功近利。一个设计师要出名并不难，只要多参加几次时装设计大赛，总会有点名气的。问题是，出名之后，能不能保持后劲，能不能保持创作激情和源源不断的新创意。如果只图一时之名，忽略可持续发展的前景，这名宁可不要。毕竟，功底与实力是一个设计师声望延伸的基础。所以，丈夫支持妻子到法国、美国各地继续学习服装设计。

当他们夫妇俩在无意中接触到古老的莨绸之后，就喜欢上了这种工艺复杂，即将失传的传统布料，就致力于对莨绸的保护、设计和开发。这期间，有五六年的时间，他们完全从服装界消失了，潜心研究莨绸。等到他们再次出现在人们视野中的时候，俨然已是莨绸专家了，妻子以这种面料设计制作的自有品牌服装成为国际买家的最爱，他们携带自己的产品多次参加世界各地时装节，多次举办专场时装发布会，多次荣获中国国际时装周"最佳女装设计"奖，多次接受"央视"、"凤凰卫视"等电视台的采访，他们的产品甚至被作为国礼送给了来访的瑞典国王、王后。

这是他们蛰伏数年之后的腾飞，这腾飞也就具有了"一鸣惊人"的效果。

这位带给女人美丽的服装设计师就是荣获2007年中国国际时装周"最佳女装设计师"奖，并同时荣获中国服装设计师最高荣誉奖"金顶奖"的梁子。而她的背后还站着一位一直支持她，并为她提供充足养分的丈夫黄志华。

泥塑人生

总以为搞雕塑艺术的都是外国人，或者大学里那些酷酷的、身价高昂、难以接近的美术教授。却不料，蜚声海内外，曾为国内外数不清的寺庙、纪念馆、博物馆等制作过泥塑的雕塑艺术家也可以那么平凡地生活在身边。他的手艺高超，捏过很多名人，也有很多名人上门找"捏"。第一尊雷锋像、闽王祠中的王审知、林则徐祠堂中的林则徐像、福建省博物馆门前的呼天瑞兽……都出自他手。

某年春节，福州市博物馆举办了他的个人雕塑艺术展。在那里，我幸会了满脸笑容、身体硬朗、待人热情的民间雕塑艺术家80岁的陈世善老先生。

展厅里，有各种各样的人物面具。鸡蛋大小的世界名人面具，有阿基米德、卢梭、苏格拉底、弗洛伊德、爱因斯坦等；中国名人面具，有周文王、孟子、勾践、司马迁、怀素、许褚、郭守敬等，面部表情各具特色，栩栩如生，与书中常见的人物形象同出一辙。拳头大小的面具，有异域风情面具、图腾面具、彩塑陶面具、中国的瑞兽壁挂等，个个面目狰狞，令人惊骇。不少泥面具里还"暗藏机关"，用手碰碰，嘴巴和眼珠都会摇动。

除了各种面具外，还有人物塑像、僧侣和佛像。在众多的塑像中，最引人瞩目的是一尊为万圣节制作的鬼面具塔，上面有555个鬼头，连每只鬼的眼珠都是五官俱全的鬼头。还有一尊"千顶风天"塑像，真人大小，除了蜷曲的胡须、彪悍的身材、细致的衣裳褶皱，以及从头到脚缠绕的许多条蛇，这些极具印度人特点的细节外，还有头顶的 1000 个小佛像，每个像都只有指甲盖的六分之一大小，精致的程度令人惊叹，不禁想起了敦煌莫高窟里的那些隋唐时代的佛像。

除了泥像、陶像外，还展出了他自己制作的小提琴，金属玉石雕刻，以及"文革"时期制作的数十个毛泽东的钢模像章，还有难得一见的玛雅象形文字。

一个民间艺术家是怎样炼成的？

时光倒流到 80 年前，在福建宁德出生了一个小孩儿。上小学前他就对捏泥人充满了兴趣，村子中水田里的泥巴和海边的海泥，都是他最好的玩物。

读小学二年级时，为捏泥人，他逃学了 20 多天。那时，每天上学，他表现得跟平常一样，吃完早饭就背起书包出门。不久，他就翻墙回家，悄悄上楼溜进自己的房间，沉浸在泥人世界中。这样过了 20 多天，母亲竟都没发现。后来老师找上门，母亲气坏了，在楼上房间找到满身是泥的他，将桌上的十几个泥人扫落地上，全部踩碎。

为了让他专心读书，父母把他送到缺少泥巴的县城。没想到，他却在县城发现了一家塑佛像的店铺。只要一有空，他就跑到店里看师傅干活，学会了彩塑、沥粉、贴金的工艺。回家后，他就利用"寿桃花"（熟食礼品）来捏各种小动物。

20 世纪 50 年代，他从福安师范学校毕业后，做过文工队文艺员、电影放映员、钳工、锻工等。在此期间，他上各种美术班学美术基础，跟各流派各行业的名师学艺，不断提高自己的泥塑技艺。

雷锋逝世那年，他去省博物馆参观，看完之后非常激动，就要来照片，回家自塑雷锋像。福建日报的记者丁仃看到作品后说：给雷锋塑像你还是第一个。作品随即在报纸上亮相，他从此名声大振。

此后，好学的他继续跟各位名师学习传统雕塑和西洋雕塑。他将西洋雕塑中人体解剖的透视原理和传统雕塑相结合，使雕塑人物的肌体布局、身体部位比例更显合理，人物更加逼真和传神。

1974年，他为老师严孔谈塑肖像。肖像塑好后，他留了一尊摆在自己家中。一日，好友叶贻彪医师到家中，见到这尊雕塑，不禁赞叹手艺绝妙，当下就为素未谋面的严老师"看起相"来。不但对严老师的年龄、身高、职业等猜了个八九不离十，还看出了严老师的健康状况——有鼻腔肿瘤和面神经瘫痪，竟然全部猜对了！

陈世善老先生做泥塑只为好玩，不为赚钱。他每天上午9点—12点在中国十大历史文化名街之一的"三坊七巷"的省非物质文化博览苑"上班"，他把展厅当作工作室，手里的活不停。不少游客看到他的手艺很感兴趣，想买他的泥塑作品，他舍不得卖，但如果有人想学，他就会很热情地教。

虽然没有罗丹、米开朗琪罗的名气，但80岁的陈世善老先生也早已是享誉海内外的民间雕塑艺术家了。

雕塑艺术家，就是在数十年如一日跟泥巴打交道中"炼"出来的。专注于玩"泥巴"，并玩出成就，也是一种超强自控力的体现。

专心种出"奥运"玫瑰

2008 年，北京的奥运会上，跟着金镶玉奖牌一起端上来，献给获奖运动员的一束束玫瑰花，以其娇美艳丽打动了所有人的心。

虽然人们并不知道这玫瑰花的名称，不知道这花还需具有专利证书，也不知道种花人以及玫瑰花背后的故事，但是人们相信，这必是中国最好的玫瑰。

奥运会用的玫瑰花称为"中国红"，是云南丽都花卉发展有限公司出品的，董事长朱应雄自豪地说："这是具有中国自主知识产权的玫瑰花。"确切地说，这玫瑰花拥有的是"植物新品种权证书"。

起初，这花并不叫这个名字，而是有一个好听而洋气的名字：雅苏娜。至于后来怎么成了"中国红"呢？这里有段故事：

朱应雄在玉溪农校学的是种子专业，1980 年分配通海县种子公司工作，曾经培育过水稻、小麦、玉米等，在单位里由于工作能力强，很快就被提拔为总经理。可是他并不满足，在众人的反对声中，毅然辞职种玫瑰花去。

他在妻子的支持下，东挪西凑了 25 万，成立了种植玫瑰花的公司。可是，令所有人意想不到的是，2001 年第一批花种出来了，他却将第一批 2 万多枝玫瑰花拱手送人。大家议论纷纷，只有他似乎胸有成竹。果不其然，第二天，就有花商找上门来，他全盘考虑之后，选择了三家与他们签了合同，既防止了被压价，也避免了"在一棵树上吊死"的危险，这三家花商一下子预定 300 多万枝，一年的产量就全部销售出去了。

　　朱应雄想扩大生产规模，但是他只有 260 亩土地，满足不了需要，于是他想出个不花钱也能增加种植面积的好方法：和农民签约搞合作经营。当地农民主要靠种植烟草和蔬菜赚钱，很怀疑鲜花是否有市场。朱应雄就将种苗打折卖，技术免费送，种出的鲜花包收购，每枝只赚 1 角 1 分钱。第一批两位农民，只一年就收回投资，还略有盈余，这吸引了越来越多的农民来种植玫瑰。但是这样一来，玫瑰花的产量虽然逐年增多，但却逐年亏本：2003 年亏 10 万，2004 年亏 30 万，2005 年亏 50 万。到 2006 年 8 月 1 日，量比较大了，他就做出调整，一枝花收 1 角 1 分钱的加工销售费，另外加收销售额 5% 的管理费，这样就持平了。其实就在亏损中，他增加了近 2000 亩的种植面积，产量、品种、销量逐年翻番，整个通海县也成了玫瑰大县。

　　玫瑰花种植也有专利，朱应雄的公司为了种植好的玫瑰花，必须购买外国人的专利，不仅需要每株种苗花费 20 元，每年付 30 万的专利费给人家，还要应对国外花商的突击检查，接受别人的品头论足，这让他感觉很窝囊，便想培育自己的玫瑰花品种。

　　2002 年，他种下当时流行的黑魔术玫瑰。有一天，采花人发现一棵花的根部长出三枝来，其中一枝特别亮，就报告给他，他剪下火起快繁殖，但是花有自己的生长周期，几个月才会见到结果，所以，他花了十几万，却什么结果都没见着。一直到 2004 年，经过两年，共繁殖 6 代，花 50 多万才培育出新品种来，他给这花申请了专利，为了拓展国外的市场，特取名：雅苏娜。这种花与普通容易发黑的红玫瑰不同，极为鲜红艳丽。

　　面对已经得到专利证书的新品种收不收专利费呢？这是一个令他极为

头痛的事情，不收专利费，这品种就贱了，收吧，又收不来。朱应雄试了很多营销方法都不奏效，只敢小面积种植，想扩大国际市场，销量却不好，而且他还发现，鲜花市场上的销售人员还擅自把花名改为：中国红。

2008 年初，他的"中国红"被负责北京奥运会用花事宜的官员一眼相中，提出一个要求：这玫瑰花必须是具有中国自主知识产权的。这就滤去大部分对手，中国玫瑰自有 16 个品种，其中 10 个品种在朱应雄的公司。奥运会需要用花 2 万枝，他将原本 7 元一枝的花，以 2 元的价钱卖给奥组委，貌似亏本，其实却赚大了，奥运会还没结束，就接到三家投资公司要求投资考察，但被他拒绝了，因为他希望自己的公司能够上市，能够有很多的人来购买他的股票。

"中国红"成为奥运会颁奖用花，似乎是运气好，但是从他的经历来看，中标是意料之外又在情理之中。套用一句老话：机遇总是垂青有准备的人。做每一件事，想要成功都要动足脑筋，做足准备——即便是看似简单的种花。另外，还需克制自己，不要为蝇头小利放弃未来远大的光景。

瘫痪父亲成功儿

他的父亲原本高大挺拔，一表人才。1965 年，33 岁的时候，骑自行车到 100 多公里外的地方出差。返程途中突然天降暴雨，回来的时候抽筋，人好像死过去一样，送到医院里去吊瓶、扎针都不管事。经诊断，得了末梢神经炎，是由于工作劳累过度和雨淋所致。从此便卧床不起。

当时，他只有七八岁，年少不经事的他还没有意识到灾难的可怕，只是隐约感觉到，当初英俊挺拔的父亲变成一个卧床不起的病人，以后的 33 年里，父亲不仅瘫痪，还患上各种各样的病：胃肠病、心脏病、哮喘……身上到处都难受，生病成了一种常态，从来没有好过，还多次被医院下了病危通知。父亲倒下了，他很快就发现，原来一向慈爱的父亲脾气也越来越暴躁。

他 11 岁的时候，父亲开始逼着他干活儿。给他买一个比正常的桶小三分之一的水桶挑水，支使他今天干这个，明天弄那个，倒腾鸡窝，倒腾柴火垛，倒腾床，倒腾屋子铺地面……

他开始烦父亲，背地里说他瞎折腾。但他父亲说干，他就要干，也因为家里确实没有起支撑作用的顶梁柱。所以，不管愿意不愿意，他都要干。繁重的家务活让这 11 岁的儿子感觉越来越受不了，对父亲越来越怨恨。

他上了高中，炎热的暑假，父亲让他到工地打工。一个假期 30 天，父亲一定要他在工地上干满 29 天。他干到第 28 天的时候，累得实在受不了了，他请求父亲让他休息一天。可父亲说："不行，你得去。"那时候，他一天赚一元二角五贴补家用。万般无奈，他一边骂父亲"老财迷"，一边忍着伤痛将最后一天的工完成。

父亲这样做是为了让儿子这棵小树苗能迅速成长、自立，最后成为真正的男子汉。可是，他一直没有告诉儿子他的理由。

他的父亲后来解释说：自己是父母30多岁才生的儿子，所以特别娇，养了许多坏习惯，那都是父母娇惯的。因为前车之鉴，所以他认为不能让儿子养成他的坏习惯，要让他实实在在地做人，于是对儿子要求就比较苛刻了。

在父亲严厉的面孔下，他迅速成长起来。1979年，他以优异的成绩考上了华东石油学院机械设计系。他上大学以后，照顾父亲的重担就全部落在了妹妹的身上，妹妹这一照顾就是30年。妹妹的细心照料让他没有了后顾之忧，能够安心学习。1982年他大学毕业后就职于德州石油钻探技术研究所。经过自己的努力，他在事业上如鱼得水，并于工作10年后的1992年，当上了德州新源高科技公司的总经理。这个时候，他终于领会到了父亲当初对自己苛刻的真正用意。

1995年5月的一天，他辞去优厚待遇的工作，下海创业。创业初期艰难到几乎活不过来，但是受父亲那种坚韧的生命力的影响，他感受到自己身上充满了无穷的力量，即使事业艰难，但是，他都坚忍、乐观地面对。面对任何困难，他选择埋头苦干，不到最后一秒钟，决不轻易言败。他说，这种习惯，不是与生俱来的，是旁边有一个榜样，父亲的事例，真正形成他血液当中的一些东西了。

他从父亲身上汲取了力量，企业也逐步走上正轨。获得成功以后，他才把自己下海的事情告诉了父亲。

　　他，就是山东皇明太阳能集团董事长黄鸣，他创建的皇明太阳能品牌价值达到 51.3 亿人民币。他，也被国际太阳能同行称为"太阳王"。

　　他的父亲，一身病痛，却一刻也没有放弃站起来的念头，没有放弃对生命的渴望。37 岁瘫痪在床时，肌肉便开始萎缩了。到 1999 年，71 岁的时候，他居然站起来了！这 34 年，经历了多少艰难磨砺，那种坚忍，那种超常，真是非常人能够做到的。用黄鸣的话说：这，也许是上天对他这几十年受的罪的一种报答吧。而作为报答的另一种方式是，他用他独特的苛刻的教育方式培养出了一个令人羡慕的成功的儿子。

　　孩子，是父母一生的牵挂，但是却没有哪一把保护伞能够为孩子挡风遮雨一辈子。帮助孩子磨炼健康的体魄和坚毅的人格应是父母送给孩子最好的礼物。

卖出"北大"水平的猪肉

　　虽说职业不分贵贱，但是 1989 年的北大毕业生陆步轩在西安卖猪肉，并被媒体报道之后，他立刻成为轰动一时的新闻人物，也引发了社会对人才和就业等问题的反思。有人觉得自食其力没什么不光彩的，但也有人认为这是对人才的极大浪费。

　　后来，有消息说陆步轩拒绝了某大学的邀请，继续开肉店；再后来，又有消息称他就职于区政府从事编修县志的工作。

　　"陆步轩现象"属于黑色幽默，折射出诸多的无奈、感慨与辛酸。

　　当时，北大校长说："北大的学生可以卖猪肉，也可以当国家主席。"但是有一位北大毕业生却不是很赞同这句话，他说："北大的学生可以卖猪肉，但是不能老是在一个档口里卖猪肉。要是让我卖猪肉的话，我一定会卖出点北大水平来。"

　　这个人是广东天地食品有限公司的老总陈生。他北大毕业，在清华读过 EMBA。当时，他公司的饮料生意每年有几个亿的营业额，他从事的房产行业也是如日中天，做到湛江房地产的老大。在这样的大好前景下，他却不愿守着现成的摇钱树，而打算去养猪卖肉。

　　当他把这个新项目在公司大会上提出来的时候，员工们都不知所措了。而他母亲也坚决反对儿子的做法。可他认为：越是被别人忽视的行业，机会就越大。

　　其实，他要养猪卖肉的做法不是突发奇想，而是源于一次他到农贸市场买菜，当路过猪肉摊的时候，看见一大排卖猪肉的：有的光着膀子，有的穿着五花八门的衣服，而所有的猪肉，没有任何的品牌。

这触发了他的商业敏感，他开始调查有关猪肉行业的情况。这一查让他大为惊喜。猪肉，全国一年大概有一万个亿的营业额。没有哪个商品的销量比它大，而这么大的市场竟没有像样的企业和像样的品牌。

其实猪肉连锁在全国也有成功的先例，但只局限于北方市场，销售的是冷冻猪肉，而广东人饮食讲究新鲜，所以冷冻猪肉在广东一做就赔，生鲜猪肉连锁在广东还是一块没有开垦的处女地。

与一般肉贩子不同，陈生是用经营公司的理念卖猪肉。

经过思索，陈生以"绿色食品"为切入点，准备打土猪的招牌。他与农户签订饲养和包销协议，经过12个月的农家饲养，再用专业的品牌包装手法对一号土猪进行全方位的品牌塑造，然后上市。

经过一年的准备，一号土猪的档口就要开张了，可没想到，意外发生了，养了12个月的六十几头猪突然消失了。原来是被养猪的农民拉去卖了，收了货款的农民就"人间蒸发"了。

这股盗卖风如果不阻止，一旦蔓延开来后果不堪设想。为了让盗卖一号土猪的事件不再发生，陈生煞费脑筋。后来，他们想了一个办法，将盗卖土猪的罪犯的判决书和公安机关抓捕这些罪犯的相片全部复印发给养猪的农户。这招起到了震慑的作用，盗卖一号土猪的事件从此再也没有发生过。有了稳定的货源，一号土猪的连锁档口终于开张了。

因为饲养期长，再加上有品牌包装，陈生的一号土猪要比其他猪肉贵三分之一，这让很多同行不以为然，但销量却非常好。

陈生以为火爆的生意会带来丰厚的利润，但现状却让所有人大跌眼镜。按照陈生原先预计的，应该有 10% 左右的纯利，但是一个月下来竟然亏本 50%，陈生一下子就蒙了。

问题出在猪肉的分割上，因为不同部位猪肉的价钱相差非常大，一头猪可能会卖出两三百块钱的差价。而陈生最初随便招的几个切割师傅，手艺不过关。

附近一家猪肉档口的老板陈宇经过几个月的仔细观察，主动找上门来替陈生解开了亏损的谜团，并毛遂自荐来做切割师。

这让陈生找到了突破口，后来承包一号土猪档口的基本上都是原先的猪肉个体户，有了品牌支持，凭着一身好刀工，一个档口一年下来能有三四十万的纯利。

"一号土猪"迅速扩张起来，不到两年时间就在广州开了 100 所家当口，营业额达到 2 个亿。

陈生这个北大才子不仅在贸易、房产等方面经营水平高，就是养猪卖肉也卖出了北大水平。

诚然，如他所说，越是被别人忽视的行业，机会就越大。但是，对机会的把握和利用还需要敏锐的眼光和严谨的规划，这，应是一个成功商人最宝贵的财富。

用七年时间养肥一只"羊"

很长一段时间以来，国产的动画片无论数量还是质量都无法和国外产品相媲美，中国孩子成长中的笑声很大一部分被外来的动画片赢得。

也许因为缺乏好看好玩的剧本，也许因为动画片的成本十分昂贵，所以没有能够连续不断播出的国产动画片。

一直到 2005 年 8 月 6 日，国产动画片《喜羊羊和灰太狼》在电视上播出了。在上海炫动卡通频道的收视排行里，《喜羊羊和灰太狼》名列第八，是前十名里唯一的国产原创动画。这令创作者们非常兴奋，也给了他们继续前进的动力。

这部动画片是广州原创动力公司一帮年轻人不分昼夜制作出来的，但不是所有辛苦都有丰厚的回报。起初，这家公司也投入和大量的时间、金钱、精力制作动画片《宝贝女儿好妈妈》，可动画片在电视台播出收视率很高却卖不出广告，因为国产动漫在电视上的播出收入，一般只能达到制作成本的 10％。很多外国动画片来中国播出一般采取免费赠送，而后，依靠相关产品的销售赚钱，比如《变形金刚》，就凭借玩具、漫画书等的销售在全球赚了不少钱。可是广州原创动力公司开发的《宝贝女儿好妈妈》的衍生产品却没有任何销路。

代销玩具的商店老板虽然不肯再帮着卖他们的玩具，但是告诉曾在北京担任情景喜剧《家有儿女》制作人的广州原创动力公司总经理卢永强一个秘密：小人头的玩具没有动物的好卖。卢永强听了这句话，心里开始琢磨该做什么动物的动画片。他想到了狼和羊，因为大家童年的记忆里常有"大灰狼来啦""你不听话，大灰狼就把你吃掉"这类的故事。

但是，在动画片《喜羊羊和灰太狼》里，他们设计的凶恶的狼却总是吃不到羊。在青青草原上的羊村里，有一群幸福快乐的羊族，他们是：聪明的喜羊羊，慈祥的村长慢羊羊，大智若愚、喜欢睡觉的懒羊羊，力大如牛的沸羊羊。河对岸有一只想要抓羊吃的灰太狼，虽然灰太狼阴谋诡计不断，但是最后还是自讨苦吃，总是抓不到羊，而且受伤回家以后，他的老婆红太狼并不会给他安慰，还会狠狠地教训他一顿。这样喜剧效果就比较明显。

编写《喜羊羊和灰太狼》的黄伟健和罗剑雯夫妇曾担任过《家有儿女》的编剧，他们把自己生活中的很多故事搬进了《喜羊羊和灰太狼》。随着制作量越来越大，公司的现金流变得十分紧张，每收回一笔钱，就赶着发工资，或赶快要买一点儿什么东西。到2006年，《喜羊羊和灰太狼》剧本创作达到了280集。2007年，剧本创作达到635集，成片也到了520集。结果是做得越多，赔得越多，这可急坏了卢永强，再这么下去发工资都成问题了，就在这时候，有人主动上门，邀请卢永强为国外的动画片做加工，并且允诺马上就有现金入账。

当时，公司里的动画师已经增加到将近100个，这些年轻人全都是冲着原创动画来的。他们当中没有一个人愿意做廉价的劳动力，为外国人做简单的贴牌加工。

经过痛苦的思考，卢永强拒绝了送上门的单子，这么一来，公司接连两个月发不出工资，员工开始离职，这对公司所有人来说都是一个很大的打击。大家都很茫然，不知道公司能否撑得下去，前途在哪里。

此时，《喜羊羊和灰太狼》播出已经两年，网上出现了很多热烈的讨论，喜羊羊、懒羊羊、美羊羊等动画形象都有了大批粉丝，很多人还喜欢上了灰太狼，什么"嫁人要嫁灰太狼""红太狼对灰太狼的爱情才是真正的爱情"之类的话也流行开来，到 2008 年，《喜羊羊》的图书已经卖到了 400 万册，这让卢永强产生了一个大胆的想法。他想做一部《喜羊羊和灰太狼》的电影。但是，做动画电影的风险实在太大了！以前有很多失败的例子都表示回收往往都不够成本的 1/10。甚至曾创造国产动漫电影票房冠军的《风云决》，投资超过 6000 万，票房也仅为 3300 万。假如这套电影做不好，整个公司就没了。所以公司的投资人，副总刘蔓仪第一个提出反对。

卢永强却认为：原创动力已经树立起喜羊羊的品牌，目前是一个非常好的时机，只要不亏本就值得做。

为了少花钱，降低市场风险，卢永强找来了两家合作伙伴，一个负责发行，另一个负责宣传。2009 年 1 月 16 日，投资仅为 600 万元，从筹备到制作完成不到一年的电影《喜羊羊与灰太狼》正式上映了。这一天，是寒假第一天，期盼已久的孩子们带着家长在影院外排起了长队。最后的票房总成绩出乎所有人的意料，达到了 8000 万元。《喜羊羊和灰太狼之牛气冲天》成为有史以来最卖座的国产动画片，创造了国产动漫的一个票房奇迹。

　　卢永强心头的大石头放下来了，他反败为胜了。这个成功来得太不易，养肥一只羊，他用了七年时间。

　　人生就像下一盘棋，如果半途而废，必输无疑，坚持走下去，还有机会翻盘。用耐心去专注地做一件事，用毅力去坚持自己的理想，才有成功的希望。

专心致志玩"玩具"

谁的童年没有蓝天下飞翔的纸飞机相伴？谁的记忆深处没有仰起笑脸看纸飞机的生动情景？可有几人能够将纸飞机飞成产业，飞成能够发现汶川大地震中重大险情的重要工具？

2008年5月15日，地震发生后的第三天，一队深入汶川腹地的勘察人员，意外地发现了比余震更加可怕的险情——堰塞湖！带头的是一个叫作秦国顺的人，他带着无人飞行器"千里眼"。进入北川县城后，他们找一个空地将飞机飞上去，马上就发现了河床被堵，而且不断渗透下来。他知道，到了雨季，任何一场大雨都会形成泥石流和溃堤，险情随时可能发生。

于是他们赶紧提醒国家减灾中心，要高度重视这个湖。国家减灾中心接受了建议，很快采取行动，化解了一场危在旦夕的灾难。

秦国顺压根没想到，他三年苦心研究的飞行器能在5·12抗震减灾中立下这么大的功劳。更让他感到欣慰的是，这次实战演练，让他觉得这无人飞行器的市场前途光明无限。

其实，很小的时候，秦国顺就喜欢飞机，他常和小伙伴一起玩飞机游戏，他折的纸飞机总能飞得最高。有一次纸飞机比赛时，他发现一架飞机在天上飞，一直飞到云层里消失了。那时开始，他就梦想有一天自己也能驾驭飞机，体会飞上蓝天的感觉。

可这个愿望没有实现，大学毕业后，学自动化的他从事安防设备的生意。出于个人爱好，从1996年开始，他在业余时间研究数字遥感技术。

2005 年的一天，朋友在茶馆聊到曾看见有人在玩带摄像设备的飞机，有多年经营安防设备经验的秦国顺，听朋友这么一说，顿时来了兴趣。

就在那一年，他成立了一家新公司，从事无人飞行器的研发和推广。他有 10 多年研究数字遥感技术的经验，所以无人飞行器项目最初进展很顺利。他时常到郊区试飞，看着飞机飞上天，似乎又回到了童年那个玩纸飞机的年代……

起初只是觉得好玩，没想到玩着玩着竟发现了巨大的商机。当时，有一个港商想去县里承包山头搞投资，问县领导那几个山头占地面积多少，一亩多少钱啊，领导答不出来，去土地规划局问实际数据，也说不上来。眼看着几千万的投资就要黄了，秦国顺说，自己有航拍的技术，也许可以帮上忙，但是要给点车马费。

完工后，人家要给他 6 万块钱，看对方真要给钱，他这才相信手中的飞机或许真的很有市场前景。出于感激，他最后只收了 1 万块钱。

2008 年雪灾的时候，他和朋友进了灾区，用不到半天的时间，就把交通中断，通信中断的五个山区的乡镇的受灾情况，进行了全面的航拍。

这个航拍出来后，发现灾情比大家原来预想的要严重得多，就递增了干预雨水冰冻灾害的预案，宣布全市进入抗灾救灾紧急状态。这是这种无人飞行器在国家抗灾救灾中的首次应用。

数次实战，让秦国顺更加有信心，但也发现了一些技术上的不足，而要正儿八经地深入研究这种能定位航拍的无人飞行器，没有一个强大的科研团队和高精尖的技术设备是不成的，所以他就找到了桂林航天工业高等专科学校。他抱着挖人的想法去的，没想到却收获了学校相关专业的全部科研力量和研究设备。

他拿出 2008 年初雪灾时候航拍的图片给校长看，校长觉得非常好，认为可以给社会创造价值，决心把它作为一项事业做大。就在刹那间，产学研一体化，校企合作的战略构想就形成了。

双方本着互助互利的想法开始合作。在此期间，发生了 5·12 汶川大地震，秦国顺将技术更加先进和稳定的"千里眼"带进了灾区，再把航拍的结果拼成一张完整的图像。后来，这张图就在国家减震中心民政部使用，成为北川县受损评估的一个依据，新浪及很多大型网站、媒体都采用了他们的数据。

在经历了冰雪灾害和 5.12 地震之后，秦国顺最初只是玩玩的心态发生了彻底的变化。

国家民政部，国家减灾中心同意在桂林将无人飞行器作为产业来发展。秦国顺在政府的支持下成立研发基地。

为了筹措资金，秦国顺忍痛割爱，低价卖掉茶庄，那些钱也仅仅够组建生产线的，技术人员哪里来？就在秦国顺为此发愁的时候，2008 年 8 月，美国的金融危机影响到全球，机会来了。

因为受到美国金融危机的影响，广东一些生产航模的出口厂家大受影响，有的负债累累，有的濒临倒闭。秦国顺找到一家已经倒闭的航模出口企业，开始生产无人飞行器。在 2008 年 9 月的深圳高交会上，一架 1.9 公斤重，830 毫米长，号称千里眼的小飞机成为媒体、商家追捧的"明星"。秦国顺为此次高交会特地准备了足够三天发完的资料，没想到仅仅三个小时就被一抢而空。三天时间，单是合作意向就签了 8000 多万人民币！如此热门的行业，开始有更多人去关注了。

为了保持领先性，秦国顺不断提升技术水平，现在他们不仅能航拍到清晰画面，更可以将画面转变为三维图像。

如今，秦国顺要将这无人飞行器大量应用在城市规划、房地产开发、森林防火、观察野生动物迁徙等广阔领域。

从儿时梦想中的玩具到社会效益和经济效益双丰收的产业——秦国顺的故事让人们看到成功在于坚持不懈地对理想的孜孜追求和现实努力奋进的完美结合。

第六章

教育的自控力

利用外在条件恢复自控力

自控需要消耗大量的能量，科学家认为，长时间的自控就像慢性压力一样，会削弱免疫系统的功能，增大患病的概率。

当感觉在自控力的作用下，已经坚持很长时间了，不妨放松一下，从压力和自控力中恢复自控力的储备。放松，即便只放松几分钟，都能激活副交感神经系统，舒缓交感神经系统，从而提高心率变异度。它还能把身体调整到修复和自愈状态，提高免疫功能、降低压力荷尔蒙分泌。研究表明，每天拿出时间来放松一下，能保持身心健康，同时增强自控力储备。

这可以解释为什么我们要安排下课 10 分钟休息时间，为什么我们需要午睡，为什么在紧张的学习过后需要运动，需要散步，更需要晚上好好睡觉。这些看似消耗时间，其实在帮助我们恢复体力和自控力。连续工作学习十几个小时不仅损害自控力，也损害健康，长期这么做的话，会对身体造成不可逆转的损害。

提高自控力的"放松"便是做到真正意义上的身心休整。哈佛医学院心脏病专家赫伯特·木森称之为"生理学放松反应"。在放松过程中，心率和呼吸速度会放缓，血压会降低，肌肉会放松。大脑不会去规划未来，也不会去分析过去。

如果没有一个可供睡眠的时间段，又需要激发这种放松反应，可以尝试躺下来，或者坐下，总之选择自己感觉舒服的姿势。然后闭上眼睛，做几次深呼吸，彻底放松自己，如果感觉哪里肌肉紧张，可以有意识地挤压或收缩肌肉，然后就不要再去管它了。保持这种状态5—10分钟，试着享受这种除了呼吸什么都不用想的状态。为了防止睡着，可以先设定好闹钟。把这当成一项日常练习，尤其是处于高压环境中或者感觉自己需要自控力的时候，都可以做这个练习。放松会让生理机能得以恢复，同时消除慢性压力和自控带来的影响。

自控力和肌肉一样有极限，从早到晚会逐渐减弱。除了休息外，还可以通过饮食调整改善自控力。因为突然增加的糖分会让人在短期内面对紧急情况时有更强的自控力，但从长远来说，过度依赖糖分并不是自控的好方法。所以，不要选择经过复杂加工，高糖高脂肪的食物，这样做会摧毁自控力。从长远来看，血糖突然增加或减少会影响身体和大脑使用糖分的能力。这意味着，身体中的含糖量可能很高，但却没有多少能量可用——就像众多糖尿病患者一样。保证身体有足够的食物供应，这能给人更持久的能量。要选择低血糖饮食，就是那些没有太多加工的处于自然状态的食物，以及没有大量添加糖类、脂肪和化学物品的食物，比如粗纤维谷类和麦片、坚果和豆类、瘦肉蛋白、大多数的水果和蔬菜。调整饮食也需要自控力，只要做一点改善，我们获得的自控力都会比消耗的多。

除此之外，还可以进行自控力训练，学会控制自己以前不会去控制的一些小事。

比如，增强"我不要"的力量：不随便批评别人，或者不用口头禅，坐下的时候不跷二郎腿，用不常用的那只手进行日常活动……

增强"我想要"的力量：每天都做一些习惯之外的事，用来养成不一样的习惯。比如可以给父母亲打电话，或是不请钟点工，自己每天在家里做一个地方的卫生。增强自我监控能力：认真记录一件你平常不关注的事，可以是新闻事件，天气预报，日常支出，饮食菜单，也可以是你花在手机刷微博微信的时间。如果你的目标是存钱，那就记录支出情况，总结无谓的支出并加以改变；如果目标是健身，那么每天洗澡之前做 8 分钟腹肌运动，或者跑步 1000 米。即便实验结果不会直接服务于你的目标，用简单的方式每天锻炼自控力，也能为自控力积攒能量。

先对别人微笑

　　豆豆开始读小学了，妈妈每天都去接他放学。妈妈常听他说："今天同桌又欺负我""今天老师又批评我""今天某某同学故意踢我"……

　　每次追究原因，他都会找一些理由来证明自己的无辜、别人的可恶，总之，他就是那个最不招人待见的倒霉蛋。对此，妈妈常常束手无策，除了安慰他几句，想不出更好的办法来改变现状。

　　暑期，妈妈请了一位英语老师来教他和邻居同龄小女孩学英语，不知道是在自己家里上课，太熟悉环境的缘故，还是他一贯如此，妈妈发现在课堂上他调皮得很：一会儿自我感觉特好，与邻居女孩争着回答问题，强调这个答案是他想出来的，女孩学他的样；一会儿又特别自卑，回答问题声音极小；下课，邻居女孩抢他的玩具，他抢不过，就大声喊叫"她欺负我"；若是老师批评他，他就说老师用手指他，不尊重他；或者说老师不公平，明明是对方错，为什么总是批评他。

　　这种情况几乎每节课都在上演，有一次，老师停下课来，问他："在学校里有多少人喜欢你？"他数了一下，说："两个。"

　　老师问："其他人呢？"他说："其他人都不喜欢我，他们会打我、骂我、踢我、抢我东西……老师更不喜欢我。"

　　老师问邻居女孩："你有几个好朋友？"女孩说："半个班的同学都是我的好朋友，老师也喜欢我。"

　　老师转问豆豆："你知道为什么你的好朋友那么少吗？"豆豆摇头。

老师说："你会说很多的成语，这很好，说明你语文水平很高。但是，你试着想一想，这些成语是贬义的还是褒义的？如果别人把这些成语用在你身上，你听了会开心吗？"豆豆摇头，说："不开心。"老师说："那么，你想别人听了会开心吗？还有，老师听到你批评他，他会开心吗？"豆豆说："也不会。"老师问："你是不是在等着别人对你友好，然后你才对别人好？"豆豆答："嗯。"

老师问："你可不可以先对别人微笑？"豆豆想了一下，点点头。

老师又说："如果，你对老师有礼貌，而不是很直接说老师的缺点，老师也会慢慢改变对你的看法。"豆豆又点头。

豆豆妈妈在一旁听着，明白自己教育的疏漏了：不能一味偏听偏信，片面地安慰孩子，那只会助长他自我意识的膨胀，无益于改变他的人际关系，应该教孩子学会控制自己的情绪，学会换位思考，学会主动对人友好，让他明白——己所不欲，勿施于人。这样，或许能将他从人际关系的旋涡中拉出来，看到自己的不足，从而改变现状。

一些真人秀节目中，我们会看到明星一家子在遇到事情时的表现，他们的孩子是否有礼貌，会引起很多评论。有礼貌的孩子，观众容易归功于家教好；而没礼貌的孩子，也会被贴上父母亲没教好，孩子"没教养"的标签。其实，除了教养外，还在于孩子的自控力。父母亲除了教育孩子在与人交往中该说该做什么，不该说不该做什么之外，还要注意加强对孩子自控力的培养，这样才能让孩子具有可持续发展的"教养"。

教育，不复制他人的成功

　　林老师有个很出色的孩子，各科成绩优秀自不待言，从小学一年级开始年年奥数一等奖，围棋逢赛必赢，还有钢琴十级，篮球水平一流，最令人眼红的是他的信息学奥赛获得全国一等奖，在离高考还有 5 个月的时候就被一所全国排名前列的重点大学提前录取了。林老师喜得合不拢嘴，心宽体胖，一下子重了好多斤。打那以后，她时常挂在嘴边的话是："你们只要复制我儿子的成功经验，以后就可以跟他一样上名牌大学了。"听得大家心中十分火热，谁不想自己的孩子将来也能上名牌大学呢？

　　一天，钱老师非常诚恳地向她请教，她也很热情地传授经验，还把她儿子用过的奥数书借给她，说等做完了还给她，她再借给别人。她又说："等你孩子上五年级以后，我再把信息学老师的手机号给你。"

　　钱老师毕恭毕敬地接过书。此后，每天中午强摁儿子在桌前解奥数题，不管他哭哭啼啼还是杀猪般号叫。这样的日子过了一段，需要拆迁搬家，好不容易安顿下来，儿子说："奥数书找不到了。"钱老师吓一跳，这可是要还给人家的，赶紧找啊，可是怎么找都找不到了。钱老师急得直跳脚，儿子却高兴了。

　　五年级暑假，林老师真就把电话号码给钱老师了。钱老师带儿子去报名，看到大多数的孩子是六年级和初中生，不禁心中暗喜："咱们家孩子这么早就开始学，基础打扎实了，以后肯定不会差，说不定也能捞到个全国竞赛一等奖，然后是名牌大学，哇，太美了……"

　　暑假时，钱老师的儿子上午去上信息学的课，下午至晚上，就在家中钻研题目。不知是信息学太难，还是他的脑力不够用，就见他常常盯着电脑几个小时而没有收获，等爸爸回来教。晚上，他爸爸放下自己的事情，专门给他解释大半天，他毫不开窍，忍不住火冒三丈，劈头盖脸打过去，然后是一阵大哭。

　　同班的好多同学半道退出，钱老师要她儿子一直坚持着，好不容易挨到最后一节课，考试时候，他做出了 60% 的题目，但是老师说："这是信息学奥赛班，不是补差班，这次考试如果不能百分百做对，第二期就不要来了。"

　　钱老师的儿子有些沮丧地告诉他妈妈这个消息，钱老师很无奈地说：不去就不去吧。她儿子竟欢天喜地。

　　离名牌大学原来越远了……钱老师暗暗哀怨。

　　一次，母子俩一起经过信息学的学校门口，她孩子说："每次经过这里，我就感觉浑身发冷，一想起我爸打我，就觉得很恐惧……"

　　六年级开学，钱老师的孩子忽然说想学漫画，钱老师就给他报了漫画班，虽然孩子的爸爸不断嘀咕：学信息好啊。钱老师也只能跟他商量：儿子不是那块料，失败很打击自信心的，也影响正常学习。

　　漫画仅学一个多月，他的水平已经超过比他早学一年多的孩子，时常受到老师的表扬。

　　其实，每一个孩子都是独特的千里马。以己之短量人之长是愚蠢的，与其机械地复制他人的成功经验，给自己孩子造成心理障碍，不如帮他们尽快发现自己的长处，让他们在学习中获得成就感，提高学习的兴趣。

作为家长，要控制住自己急功近利的心，才能给孩子一个宽松的环境，去寻找适合自己的空间。

用耐心等待成长

在 20 多年的教师生涯中，我印象很深刻的有两个学生。

其中一个是女生。开学后，我的第一节课，她就迟到了。当我看到她用大量的粉涂得煞白的一张脸，看到她穿着不合时宜的新潮装束，扭着腰肢姗姗而来，甚至不在教室门口做一秒钟的停留，更不肯喊一声"报告"，就径直走进去的时候，我知道这又是一个另类到极致的女生。

据多年的教学经验，这样的女生刀枪不入，好话歹话对她来说都没有意义。面对老生常谈的说教，她可能会选择沉默不语；惹火了她，也可能会说出让老师尴尬得下不了台的话。

无论哪一节课，她的桌面上摆的都不是书本，而是化妆品，而她，则对着镜子描眉涂粉擦口红。每次我上课，她也总是摆出这些东西。也许，并非示威，而是已经成为一种习惯，这是一个自控力很差的女生——我这样想。所以，时常，我借着叫学生起来回答问题，或者让学生读书的机会，有意无意地走到她身边，在她的桌子上用手指头轻轻地敲了敲，轻声说："爱美不是坏事，但现在是上课时间，请收起来。"她抬头看看我，毫无表情，但却停下手中的活儿。

课堂上，我的每节课都会安排一两个学生演讲，我答应他们：愿意上来演讲的都有加分。但是我心里没底：对于像她那样的学生，加分恐怕是没有诱惑力的。果然，当轮到她的时候，她总是以没有准备好为由拒绝上台。而我，也并不生气，总是对她说："好，我等你，等你准备好了再来。"

我用极大的宽容与耐心一次次地等，可她总也不上来。

　　一次上课，我在黑板上写了当课的生字请学生阅读课文后上来注音，出乎我意料的，她忽然举手说："我来。"我惊喜不已，忙请她上来。她在黑板上很认真地写，虽然没有全对，但字写得蛮好。

　　她下去以后，我不急于纠正对错，而是问全班同学："大家来点评一下，她今天表现怎么样？"

　　"真没想到，她会上来。""其实，她字写得挺好的。""大部分都做对了。"学生们你一言我一语地议论开了。我看她一眼，她坐在那里，很专注地听大家的评论。

　　下课后，她经过我身边的时候，忽然开口："这是我第一次到黑板上写，以前，老师从来不叫我……"说完，也不等我回答，就自顾自走了。

　　不久以后，我教《再别康桥》，请学生起来朗读，仍是答应他们：凡是愿意起来读的，不管读的水平如何，都有加分。当她主动说"我也要读"时，全班都大为惊诧。平时和她混在一起的几个学生甚至开她玩笑："你也会读书？"

　　她站了起来，向同学借了一本书，一板一眼地读，下面仍有同学在笑话她，而她没有理会。她读完坐下，我带头鼓起掌，然后是全班鼓掌，她笑了一下，眼里有柔波闪过。

　　她，还是没有演讲，但我相信她会实践自己的承诺，只不过需要时间。所以，我，还在耐心地等待着……

　　另一个是男生。我想不到，他，会在即将离开学校前成为一匹横空杀出的黑马。

一贯地，他默默无闻，沉默到教了他两年，我却仅能记住他的名字，此外，再没有一星半点的印象。而他的出场似乎是为了再次验证我的一句惯用语：大家要相信自己潜力无限。

这是最后一轮演讲。在多次的锤炼中渐渐出色的同学已经各尽所能，充分展示了自己的才华，剩下的几个都是懒洋洋没有干劲的，上讲台也说不出什么东西，他就是其中一员，所以，当他说"今天我想演讲"时，我并不抱太大希望，只当他是为了应付我硬性规定的任务而已。

站在讲台上，他手里拿着一叠自己写的讲稿，开始支支吾吾翻来覆去地说自己仅是要表达在学校学习生活两年的感受，我在替他担心，也并不看好——一个很沉默的学生，会凭空发生什么变化？不料，他越讲越顺畅，并不怎么看稿地讲述他在校期间的收获、变化，说他对人生的看法、感悟，谈令他深入思考的一些故事、问题。然后，是与同学的互动，他和同学互相交流对彼此的了解、看法，不断有人发出惊呼："太强了！""真想不到。""为什么平时掩藏自己？"也有人发出嘲笑，而他都微笑面对……原定5分钟的演讲，他讲了35分钟。我请他将最后的10分钟留给我，才阻止他继续说下去。

不仅我吃惊，所有的同学都吃惊，原来，他竟也是一个如此认真，如此有深度，如此心胸开阔的男生。似乎，近两年的积累都是为了这一朝的爆发。

我问他："还记得前年第一次上台的情形吗？"他说："记得，那时候非常紧张，拿着一本书念，不敢看下面。"有同学说他："今天脸都不红。"他笑答："我在进步。"

在这 35 分钟里，他提到最多的一个词："进步"，他说得最多的一句话是："我在不断地进步。"他说："以前读初中，我非常腼腆，都不敢跟人说话，什么也都不懂，来这里后，跟着几个同学不仅学会了玩游戏，还一起聊天，一起进步……"

有同学评论他："他其实很会控制自己，虽然也会玩游戏，但是不会上瘾。这一点很重要。"

我吃惊，但这让我更加坚信，每个人都有无穷潜力，只要懂得控制自己，只要懂得把握机会锻炼自己，就能成为一匹"黑马"。但，"黑马"也需要给他们制造机会，耐心等待他们成长的伯乐。有伯乐，然后才有黑马横空出世的可能。

我相信：这 35 分钟必是他人生的一个重要转折点。

这两个学生的故事，让我深切地感到：为人师者，对学生一定要学会控制住自己的情绪，学会忍耐，不要凭本能反应，毫无章法地随意斥责学生，那样两败俱伤，无法下台。

教育者与被教育者同样需要自控力，这是完成教育这项艰巨工作的坚实基础。

不要轻易说"难"字

作文课上，我布置了一篇话题作文，一位女生才听我读完那则作为话题的故事，就嚷嚷起来："老师，不会写，好难！"

我知道，这是他们的习惯用语。每次都会听到，不管怎么劝诫，下回照样要说。

所以，干脆不去反驳她，只是"牵"着他们一起思考，一步一步地寻找立意，慢慢地，我们竟找到 13 个写作角度。

然后，我再问那女生：还觉得难吗？

她摇摇头，说："不难了。"

学习，怕"难"，是很多学生的通病。此等毛病，绝非进了高中才出现。

想当初，初进校门，年纪尚小，会有老师逼着完成作业；上了初中之后，功课便变得繁重。逼，已不能从根本上解决问题了，很多畏难的学生开始学会逃避，由抄袭到缺交，逃避学习，乃至逃避中考……于是，进普通高中和职业学校。

小学、初中养成的畏难情绪，到高一层的学校，倘能回头，还是可以挽回的，但是，在畏难者的眼里，到处都是困难，都需要逃避，他们会用尽浑身解数，竭尽全力，躲得远远的。逃避水平越来越高，畏难情绪坚不可摧，混日子变成了当前的人生目标。

遇难而退却的现象出现时，父母师长也许会指责批评，但时间长了，毫无效果，也就见怪不怪，听之任之了。失去监督和约束，怕"难"的孩子就会更加懒散，凡是遇到困难就绕开走，横竖有父母顶着，又怕什么呢？但是，父母帮得了一时，却帮不了一世。长此以往，人生何以为继？社会又怎能发展？

其实，"难"这一字最不可说，一旦说出口，就再无挽回的余地，就会开始逃避——不论是学习、生活，还是工作。最可怕的是自我的心理暗示：这太难了，我做不了，还是另请高明吧；或者是：我不做，日子也照样能过得下去。

确实，日子还是那么过。但潜意识中，用这"畏难"营养液浇灌的小苗渐渐成长为根深叶茂的大树，"畏难"逐渐从习惯变成个性，日益深入骨髓。到最后，任是谁去摇他，都成了蚍蜉撼树，纹丝不动，这是真正的悲哀。

人生处处皆困难。那么，不妨学做勇者。在勇者的眼里，困难是存在的，却并非不可克服，每次超越都会让自己有成就感，都会获得战胜困难的自信。于是，困难越来越不在话下，成功唾手可得。这样，人生更多乐趣，也就更有意义了。

第七章

控制住自己的爱，获得幸福

爱情要有自控力

每个人都渴望爱情，因为每个人的大脑中都有一个爱情中心，就是下丘脑。下丘脑分泌多种神经递质，比如多巴胺，肾上腺素，就像丘比特之箭，当一对男女一见钟情时，这些恋爱兴奋剂就会源源不断地分泌出来，于是我们有了爱的感觉，享受爱的幸福，感觉爱情的甜蜜甚至眩晕，陷入其中无法自拔，这都是"多巴胺"在发挥作用。

那么爱情多巴胺能持续多久呢？处在甜蜜美妙爱情中的恋人们总是希望天长地久。我们渴望天长地久地持续分泌多巴胺，但我们的身体却无法长期承受这种兴奋的刺激，也就是说，一个人不可能永远处于心跳过速的巅峰状态，那会毁了我们的健康。多巴胺的强烈分泌，会使人的大脑产生疲倦感，所以大脑只好让那些化学成分自然地新陈代谢，这就是爱情为什么会渐渐转淡。

美国康奈尔大学爱情心理学教授坦尼尔·伊露女士用了三年的时间，对美国5000对25—45岁年龄层夫妻进行抽样问卷调查，将这些数据输入计算机，再经过相关医学心理测试分析后得出这样的结论：

男女之间产生真正爱情，其时间只能保持18个月到30个月，过了这一时间后，一般不会出现彼此感觉到对方有心跳加速、手心出汗的现象；男人、女人拥抱时的力度分别只有当初的35%和25%；接吻的热量分别只有当初的30%和35%。

与此同时，男人女人彼此注视的时间也要比当初减少15%和20%，特别是女人，即使踮起脚跟和心爱的男人示情，其踮的高度也比当初减少了1—2厘米。

坦尼尔·伊露女士指出，男女爱情是由大脑中的三种化学物质多巴胺、苯乙胺和催产素激发出来的。当男女初次产生爱情时，这三种化学物质会迸射而出，就是所谓的亢奋，让人欲罢不能。但随着时间的流逝，人的机体内渐渐会对这三种化学物质产生一种抗新鲜素的抗体，两年之后，这三种化学物质的作用就会消失，男女之间的新鲜感会逐渐消失，取而代之的是情感之间的理解、交融，或者远离。

所以，不要强求对方对自己长期保持满满的爱情，随着多巴胺的减少和消失，激情也因此不复存在，爱情或归于平淡，或干脆分道扬镳。

爱情中，最为凄惨的是一方多巴胺很早就消失了，而另一方还在源源不断地分泌着。于是，一方想早日脱身，另一方纠缠不休，这给双方都造成烦恼。有的人陷入自怨自艾，痛苦抑郁，不可自拔，甚至造成自残自杀的悲剧；有的自控力差，思想偏激，将矛头对准他人，伤害对方或者与之有关的其他人，从而造成影响恶劣的社会问题。

并不是所有人都因为多巴胺的减少而选择分手。因为我们还有责任、亲情、誓言、承诺，坚守着爱情和婚姻的更多是这些因素，不是仅仅靠多巴胺维持的激情。在生活的过程中，通过不断的努力、共同的进步，爱情还可以焕发出新的活力，这才是更广义的爱。借用一句严谨的表达："当多巴胺风起云涌的时候，我们狂热地爱与被爱着，尽情享受爱的甜蜜；当多巴胺风平浪静的时候，我们坦然处之，仍然为爱奉献与努力，不离不弃。"

在情感中遭遇挫折时，考虑一下，这不过是化学物质多巴胺在我们身体里发挥作用。"现在，我不想再分泌过多的多巴胺了。"这样想，是不是能帮助自己尽早从痛苦中解脱出来，做到潇洒地挥手作别昔日的爱情，重新开始另一段生活。

控制不住他的心，那就管住自己的爱

都说每一位成功人士背后都站着一位默默付出的女人。

作为人类有史以来最伟大的物理学家——爱因斯坦，他的背后也有这么一位女人——与他同样聪明、出色，却为他放弃自己的事业，最后换来的是厌倦、背叛、遗弃和苛责。这就是他的第一任妻子——米列娃·玛丽克，她是他的同班同学，是对他的学术和生活有着巨大帮助的一位女性。

米列娃出生在匈牙利塞尔维亚的一个富农家庭，从小聪明好学，高中毕业后，父母将她送到瑞士的一所女子学校深造。19 世纪末，女大学生堪称凤毛麟角，而她是欧洲第一个学数学的女大学生。后来，她转学到苏黎世。

与爱因斯坦相爱后，两人形影不离，一道学习，一道讨论科学问题。

爱因斯坦写给米列娃的 54 封情书是将学术研究和爱恋之情结合在一起的，比如："要把相对运动课题做成功，只有你能帮助我。我是多么幸福和自豪！""等你成了我亲爱的小妻子，我们会一起勤奋地致力于科学的研究，如此我们才不会变成庸碌之辈，好吗？……你一定得永远是我迷人的小巫女，是我淘气的街头顽童。"

那时候，他们是幸福的。尽管他们结婚前爱因斯坦便有了一个从未谋面，后来下落不明的私生女；尽管爱因斯坦的母亲因为门第观念坚决反对他们在一起；尽管爱因斯坦因为犹太人血统长期失业，后来好不容易才找到一份专利局"三级技术专家"的工作，他们的生活很拮据；尽管米列娃只是一个样貌平平的跛子，但爱因斯坦依然称呼她为"亲爱的洋娃娃"，因为他欣赏米列娃身上那股与生俱来的宁静气质，坚如磐石的沉稳力量。

米列娃为爱因斯坦放弃了自己作为一个残疾女人奋斗了十数年的事业，她照顾他，无微不至。她不仅是他科学研究上的好帮手，更为他创立相对论立下汗马功劳，以至后来有人认为他俩应该被并称为"相对论的父母"。

然而，十年的婚姻生活，磨灭了爱情，更让他对她无比厌恶，他发生了婚外情。当初的"洋娃娃"不见了，他的眼里再也没有了那个为关在小阁楼里不断进行科学演算的自己任何想吃的时候都能吃上热饭菜而忘我劳作，以致饱受甲状腺肿大困扰的黄了脸的女人。她在他的眼里，何止不可爱，简直就是面目可憎，他说她："是个凶巴巴的、毫无幽默感的造物，没有任何自己的生活。她的存在只能令其他人的生活丧失乐趣。"他背着她给另外一个女人写信："我无法忍受这个丑陋的女人，她是世界上最阴沉的女人，我已经和她分床，我无比渴念着你，甜蜜的宝贝。"

爱因斯坦把妻子和两个儿子扔在苏黎世，独自跑到柏林和孀居的表姐埃尔莎另筑爱巢。米列娃痛不欲生，但女人的痛苦从来不可能唤回男人的心。她阻止爱因斯坦前往柏林，到皇家普鲁士科学院工作。爱因斯坦对此大为恼火，他以书面形式通知妻子，如果要保持婚姻，必须满足以下条件：A. 你应当保证我的衣物和被褥整洁，保证我的一日三餐，保证我的工作间整洁，特别要提醒的是，我的办公桌别人不得使用。B. 放弃我们之间的一切关系，除非出席社交活动，特别不要让我在家里跟你坐在一起，跟你一道外出或旅行。C. 跟我交往要注意以下事项：别希望我对你好、不发火，如果需要，必须立即终止与我的谈话，只要我要求，必须无条件地离开卧室或工作间。D. 你有义务在孩子面前不得以语言或动作蔑视我。

即便如此，两年后，爱因斯坦还是写信给米列娃要求离婚。当时米列娃为了给小儿子爱德伍德治疗先天精神病，几乎花光了全部积蓄，后来，只能靠教钢琴维持生计。离婚的消息对于当时身体和经济均陷入困境的米列娃来说，简直是晴天霹雳，但是，她没有别的选择。1919 年，米列娃同意离婚，但她提出：如果将来爱因斯坦获得诺贝尔奖奖金，要分给她一部分。1921 年，当爱因斯坦拿到奖金后，确实付给了她一些，但她到底得到了多少钱，迄今仍是一个谜。

与爱因斯坦接触过的女人，对他都是死心塌地的，第二任妻子埃尔莎对爱因斯坦也是如此，然而，她缺乏米列娃的聪明与学识，她根本就对爱因斯坦的物理世界一窍不通。

爱因斯坦在感情上对埃尔莎也并不忠诚，但埃尔莎却深爱自己的丈夫，容忍了这个"孤独的天才"一个接一个的桃色绯闻。

20 世纪 30 年代，米列娃的大儿子携妻子和孩子去了美国，米列娃没有再婚，一直留在瑞士，照顾小儿子，过着隐居的生活。1948 年，这位坚强的女性在苏黎世的一家医院与世长辞，她的讣告里没有提到她与爱因斯坦的关系。

以米列娃的聪明和学识，若是遇到居里那样的丈夫，或者，她有可能成为另一个居里夫人。可惜，她遇到的是爱因斯坦。而她认为："爱因斯坦和我就是一块大石头（爱因斯坦在德文中的意思就是大石头），他的成就是我的。"她缺乏居里夫人个性，这注定了她只能成为世界最伟大的物理学家背后的那个默默奉献，最后被遗弃、被遗忘的女人。

　　宁愿和男人并肩站成两棵树，也别把自己和男人捆绑成一块石头，哪怕那块石头是钻石。因为，两块石头怎么也不能融为一块大石头。

　　聪明的女人应该懂得：控制不住他的心，那就管住自己的爱。

家庭，用爱说话

　　提到钱钟书，人们会想到他那才情横溢，妙喻连篇，反映旧时代知识分子人生际遇的长篇小说《围城》；会想到他报考清华大学时，数学仅得15分，但因国文成绩突出，英文获得满分，而被清华大学外文系破格录取；会想到他拿不好筷子，不会打蝴蝶结，分不清左右脚，以第一名成绩考取英国庚子赔款公费留学生。可初到牛津求学，就吻了牛津的地，磕掉大半个门牙，满嘴鲜血地出现在妻子面前的"拙手笨脚"；也容易联想到他那参透生活真谛的睿智，甘坐冷板凳、淡泊名利的人生态度和绝顶聪明的的处世之道；还会想起他过目不忘的超强记忆，融贯中西的学问，以及他通晓多国语言，应邀出访欧洲各国时，能够用各所在国的语言做出地道漂亮得令各国语言学家震惊的演讲……

　　然而，他除了是大作家、大学问家，还有一个重要的身份不该被忘记——他是他妻子的丈夫。在妻子面前，他没了不食人间烟火的清高，而是一位很弱小，"拙手笨脚"，需要人照顾，但又恪尽职守的好丈夫。

　　他们在牛津求学时，租住的第一户人家提供的伙食很差，妻子担心他总吃不饱影响健康，就要搬家。起先，不会做家务活的钱钟书不同意，等妻子找到合适的房子，搬了家。入住新居的第一个早晨，妻子杨绛醒来，发现"拙手笨脚"的钱钟书竟然煮了蛋，烤了面包，热了牛奶，做了又浓又香的红茶，还有黄油、果酱、蜂蜜……用一个床上用的小桌，径直将早餐端到妻子床前。从那以后，他们一同生活的日子——除了在大家庭里，除了家有女佣照管一日三餐的时期，除了钱钟书有病的时候，这早饭总是钱钟书起来做给妻子吃的。

搬家后，杨绛第一次独自处理活虾，剪虾须时被抽搐的虾吓得逃出厨房，说，以后不吃了。他却说，虾不会像她那样痛，以后还是要吃的，由他来剪虾须好了。

待到妻子怀了孕，他谆谆嘱咐："我不要儿子，我要女儿——只要一个，像你的。"并很郑重其事地早早陪妻子到产院定下单人病房，还请女院长介绍专家大夫。

妻子产后住院期间，他每天到产院探望，常苦着脸说："我做坏事了。"不是打翻了墨水瓶，把房东家的桌布染了，就是砸了台灯，再不就是把门轴弄坏，门不能关了……幸好妻子总是回答他"不要紧，我会洗""不要紧，我会修"。他就充满感激，放心地回去了。事实证明，妻子住院期间他所做的种种"坏事"，待妻子回寓所后，真的全都处理好了。

虽然生活中很多时候他很"白痴"，但这并不等于他不会关心照顾人。妻女出院的时候，他叫来汽车接。回到寓所，他炖了鸡汤，还剥了碧绿的嫩蚕豆瓣，煮在汤里，盛在碗里，端给妻子吃。以至杨绛惊叹：钱家的人若是知道他们的"大阿官"能这般伺候产妇，不知该多么惊奇。

后来，钱钟书通过了牛津的博士论文考试，如获重赦。他觉得为一个学位赔掉许多时间很不值得，不愿意白费工夫读一些不必要的功课，二人便前往更加自由开放的巴黎大学。在巴黎这一年，钱钟书自己下功夫扎扎实实地读书。夫妻二人不合群，也没有多余的闲工夫，房东太太的伙食太丰富，一顿午餐便可消磨两个小时，他们爱惜时间，不久就又开始自己做饭。钱钟书赶集市买菜，他们用大锅把鸡和暴腌的咸肉同煮，加平菇、菜花等，还给襁褓中的女儿吃西餐，把女儿养得很结实，用杨绛的话说："（女儿）很快就从一个小动物长成一个小人儿。"

"文革"时，钱钟书下放昌黎，工作是淘粪，吃的是霉白薯粉掺玉米面的窝窝头。阴历年底，他回家时，居然很顾家地带回很多北京买不到的肥皂和大量当地出产的蜜饯果脯。

当时，造反派组织规定高级知识分子家中一定要进驻"造反派"，钱钟书家也不能幸免。被派进来的一对"造反派"年轻夫妻不仅不尊重这一对老知识分子，还动辄打骂训人。钱钟书忍无可忍，因妻子被"造反派"夫妇欺辱，他以年迈多病之躯与他们大打出手，把胳膊都打伤，闹得满城风雨。这一下，连"造反派"也都对他敬畏三分，认为钱钟书"这老头儿"有骨气！但后来，为避免麻烦不断，他们不得不弃家而"逃"，到女儿学校的宿舍暂住。三人挤在唯一的一间阴冷狭小的屋子里，来客人都无处容身，可他们却因那里离图书馆近而感到非常满意。

女儿钱瑗毕业留校工作，夫妻俩都很高兴，家中的阿姨不擅做菜，钱钟书就常带着妻女吃馆子，一处一处地吃。钱钟书点菜的水平很高，随便上什么馆子总能点到好菜。然后，一边吃，一边观察其他桌的客人。钱钟书近视，但耳朵特别聪，他们吃馆子是连带着看"戏"的，一家三口在一起，总有无穷的乐趣。

钱钟书，作为一个丈夫，是可亲、可敬、可信赖、可依赖的，嫁给这样的男人，是女人的福气。

钝感的幸福

估计很少有女人像她那么天生迟钝。

30岁以前，她从来没有意识到天生丽质对自己意味着什么，也没有感觉到周围不少男士对她有好感；单位里发生的事情，她从来都是最后知道，更不知道内幕消息；遇到不公正的待遇，她只看到事实，不去追问内情，也没有觉得多么委屈。嫁个老公，喜欢她的单纯，不喜欢把工作中复杂、烦人的事告诉她，这助长了她懵懂的幸福。

30岁以后，她开始觉醒，她发现周围其他女人对很多事情都了解内幕，她觉得自己也要成为一个活得明白的女人。于是，她开始朝"明白"的目标努力。慢慢地，她发现很多人并没有她曾经想象的那样简单、公正、纯朴、洁净。原来，人心可以这样复杂，事情会那样龌龊。在不知不觉中，她失去了原有的纯洁、高雅，变得"八卦"、小市民，而她并没有意识到自己的变化。

回到家中，她对老公也日益不满，觉得他什么都不告诉自己，分明有意隐瞒，莫非有不可告人的事情？于是她对老公流露出来的"蛛丝马迹"都仔细盘查，据了解到的情况看，老公并没有什么过于复杂的"内幕"。她觉得很不满，她要掌握心理学、相面术，有了这些"技术"后，她就能够看清别人的心理，不再受骗。

于是，她上网搜索诸如"教你识别他是否撒谎"这样的帖子，对照那些撒谎人的行为细节，她发现身边太多的人在撒谎，包括她尊敬的、信赖的、爱戴的人。她观察他们在笑的时候，是不是眼角没有皱纹——这说明他们在假笑；她观察他们吃惊持续时间的长短——判断他们表情的真假；她观察他人是否对自己的质问表示不屑——那表示她的怀疑是对的；她观察男人跟自己讲话时，是否常常摸鼻子——这显示他在隐瞒和撒谎……

透过表面现象，她用显微镜放大了他们的深层心理，她发现他们太肮脏，太可恶，太龌龊，这让她感觉异常痛苦：原来，她的人生竟然长期被这些丑陋的人和事包围着。层层的丑恶叠加在她身上，她无法呼吸，而她无力改变任何现状，只能凭借牢骚、责难排解不满。

起先别人会劝解，后来她一开始唠叨质问，人家不是转身离去，就是顾左右而言他，一些原本很关心她的朋友也对她自认为足以显示她智慧的那些咄咄逼人、入木三分、直捣黄龙的分析批判置若罔闻，甚至发展到对她不闻不问。

她很痛苦。求助于她认识的一位智者。智者问她，你喜欢玫瑰、钻石还是垃圾？她说，那还用问，谁会喜欢垃圾？智者说，优点是人生的玫瑰、钻石，而缺点是垃圾，你把所有人的垃圾都装进心里，你成什么了？

她幡然悔悟：原来，精明与快乐不容易并存，与其做一个明白女人，不如控制住向往精明的心，做一个钝感的幸福女人。

只是，由懵懂到精明易，由明白返糊涂难。

少爱他一点儿

　　世间女子，少有不是情痴的，除非她是雍容大度的薛宝钗；爱上了，少有不为情所困的，且不说冰雪聪明、多愁善感的林妹妹，即便乖张厉害如王熙凤，也为贾琏"见一个爱一个"的花心愁烦憔悴，费尽心思，出尽邪招，害人害己，死去活来。

　　莹，只是一凡俗女孩，既无林妹妹的才华美丽，也无王熙凤的显赫身世，偏偏她又心不由己地爱上了一位即便算不上钻石王老五，至少也是黄金王老五的男士。

　　但那男士只把她看作在自己身边出现的众多女子之一，在她眼里，他是独一的；可在他眼里，她与她们无异。

　　爱情的砝码在莹这里沉了下去，而天平那一头却高高翘起，伤感折磨着她，为了让自己无怨无悔，她无奈地放下矜持，换来他吃惊的目光，莹几乎想逃，却终于勇敢地留了下来。

　　那以后，他对她似乎比对别人好一点，却远没达到莹心目中企盼的那样。莹每每看到别人在爱里徜徉、陶醉，而他对自己却若即若离，就忍不住要泛起酸味。放弃，怎么也舍不得；继续，不知道路在何方。痛苦，就产生于未知数中。

　　一次次，她下定决心要离开他时，他也会挽留她，似乎，他也爱着她，但不是很明朗。她痛恨自己没有决绝的毅力，只好继续说不清道不明地暧昧着。她的心在一次次伤痛中离希望越来越远。

也许，这世间的男人真的少有值得女人付出一切、奋不顾身的爱。既然这样，那么，每天少爱一点点，每天放手一点点，将这余下的时间与空间留给自己，增加自己的知识，增长自己的才华，爱护自己的容颜，健美自己的身材，继续自己曾经拥有的兴趣和爱好……

莹明白了这个道理，她开始为自己健康快乐地生活，充实地度过每一天，她美丽的外延与智慧的内涵都在一点一滴地增加。然后，她发现，神经松弛、容光焕发的自己比痴痴呆呆地付出全部身心、高度紧张、敏感吃醋、费尽全身解数想去获取他的心的时候要可爱得多。

男人对容易得到的东西多半不太珍惜，但对已有却要失去的东西却倍感不甘。她的心淡了，他却开始在意她，发现她独有的好，于是就在莹准备放弃的时候，她获得了一直梦寐以求的幸福。

如果，林妹妹也能尽早醒悟，每天少爱一点点，那么，她的泪水或许会少流一些；那么，她的人生或许能够逃离宿命的摆布。

世间的凡俗女子，谁能聪明得过林妹妹？只是林妹妹过于年轻，还未能参透这个道理。

莹只比林妹妹聪明一点点，她做回自己，并因此获得了他的爱。

哀求来的爱情不甜

她在 QQ 签名档里写道：我爱你，你可不可以也依然爱我？

语调，低三下四得令人心痛，那不是美丽骄傲的她应该发出的声音。

当初，是他卖力地追求她。那时，她刚刚失恋，在酒吧里买醉，他第一眼便钟情于她，只是不知道她是怎样性情的女子，是否会接受自己，所以只是静观。

她喝得烂醉，有不怀好意的男人借着酒意来纠缠，她摆脱不了，又急又怒，却手足无力、东倒西歪……正是尴尬之极的时候，他上前，喝道："这是我女朋友，你想干什么？"

那男人只得离开。而他，扶着这么一个烫手的美丽大山芋，没有问她家在哪处，因为她已经满嘴胡言，而他也并不想就把她送回去，他迅速地结账，搀着她，目的地很明确地走了出去。

家，是他的。他让她躺倒在客房里，她吐了一地，他认真地清扫、擦洗，给她喝水，她睡了过去……他在她身边的沙发上和衣而卧。

早晨，她睁开眼，看到的全是陌生——他，他的家。她急忙低头检查自己，衣服整齐，沙发上的他也是衣裤齐全。她的心稍微安下来，开始回忆昨晚自己究竟都做了什么，开始思考他的动机——天下哪有这么好的人？！

而他，还真是那么好！他起来后，迅速洗漱，然后为她准备早餐：鸡蛋、豆浆、蛋糕。她一直都怔怔地，弄不清这究竟是怎么回事。他拉她坐在桌子旁边，她机械地接过他剥好的鸡蛋、蛋糕，她不喝豆浆，他说："对女孩子来说，豆浆比牛奶好。"不知怎么的，一贯听不进别人劝解的她竟然接受了他的建议，将那杯豆浆喝下去。豆浆，并没有想象中的那么难咽。

后面的日子，他对她悉心呵护，只要有空，就会到她公司楼下接她下班，安排好日常生活的方方面面。她对他并没有太多的激情，但他填补了爱的空缺，自己只管享受他的安排和照顾，也是快乐的事。她曾问他：为什么对她好？他笑笑：第一次见到她就有似曾相识的感觉。她也笑笑。

应该算是他求她爱他，那么他自愿付出是应该的，而她得到这一切也是应该的。仗着被爱，她刁蛮任性，而他总要挖空心思，才哄得她红颜一笑。恶性循环中，他的耐性在削弱，慢慢地与她疏远，终于有一天，不再主动联系她了。

她想不通，这么痴心的男人怎么会舍弃她而去？她发现自己无法忍受没有他的日子，她哀求他回来，QQ 签名档也不断变化：怎样才能让你明白我有多在乎你……你到底懂不懂我的在乎……你是不是不在乎我的在乎……我很想你……这些不断变化的签名配不上她的美貌与智商。

见不得她的痛苦，他回来了，而她又觉得自己不该如此卑微，自尊心的折磨让她时不时故态萌发。他只能一次次离开，她又一次次哀求他回来，终于到无可挽回……

爱情，没有谁欠谁。付出是高贵的，不是卑微的；得到是幸福的，请不要践踏；控制住自己的情绪，不要凭本能反应去折腾爱情。如果爱情需要哀求，那就失去存在的价值。哪怕满面泪痕，满心疮孔，也要懂得控制住一颗想哀求、想挽回的心，然后，华丽转身，优雅离去。

被动爱与主动爱

每一个女孩的心中都有一个公主情结：有那么一天，一个骑着白马的王子主动来求爱……

当男生出现，并表示关心的时候，她像所有女生那样，很敏锐地捕捉到了信息。她相信这是真的爱情，因为他没钱。这让她觉得自己不看重金钱的品质是多么高贵！当然，她也有看重的东西，比如，他的发展前景；比如，他把她当公主一样追求、宠爱，捧在手里怕摔了，含在嘴里怕化了——这令她沉迷。

沉迷于爱情中的时候，心中的那个情结会幻化：不管他是骑白马、黑马、赤兔马，还是来自人马座——靠自己的两条腿走来的；也不管他是王子，平民，还是贫民。爱，便爱了，不论身份地位。只要他永远爱自己，让自己永远处于被追求者的地位，那么，即便他是收入仅够糊口的男生，也已被看成她心目中的那个最英俊的王子。

可是，她是缺乏安全感的女生，她担心他会跟别的女人好。于是，她时刻在意他的动向，手机掌握手中，微信随时发，若是没有及时回，她心里就会忐忑，等上几分钟还没回，赶紧打电话，若是没接，就由忐忑演变为恐慌，不断打电话、发微信。

起初，他会安慰她："宝贝，我真的在忙，刚才没有听到手机铃声……好的，我以后把铃声调得响一些……你放心，我不是那种人，我只爱你一个。"肉麻完，她就放心一小阵子，但很快又紧张起来。

怎样才能真正牵住他的心呢？她日思夜想，到处寻求帮助。

然后，十指不沾阳春水的她开始学做菜，千方百计做他喜欢吃的菜；为了地板纤尘不染，从不打扫卫生的她弯下腰，跪在地上擦地板；她还捡起他换下的衣服即时洗掉。

可是，他不及时回复，不及时接电话的情况依然时有发生，她便生气，每次都要他想出不同的花招来哄，一直哄到她开心为止。

他稍有疏忽，她就变本加厉地生气，冷战已成为过去式，她学会了吵闹、威胁，他有些泄气，有些不耐烦，有一次，他摔门而出。

她在屋里大哭，然后她上 QQ，写微博，发微信：我需要被动爱，为什么会变成主动爱？我不要主动。

半夜，他回了一句：我想给你主动爱，可是被你逼成被动爱。

爱情里，想控制别人的心，容易适得其反；适当控制自己的情绪，反而会让爱更轻松，更愉悦，更长久。

不要你做我的影子

她爱上了他，他也爱她。

她眼中的他实在是太完美了，于是她像很多女孩子那样，痴迷地深深地陷入情感的泥淖中，往日清醒冷静的理智像迁徙的候鸟一般飞到遥远的南方去了。

他是一家大型外企的年轻有为的地区经理，工作相当繁忙，不仅需要陪客户，需要培训员工，需要解决自己和下属遇到的业务问题，还要陪来本地视察的各级老板，此外，还时不时需要做"空中飞人"，飞到各地开会，常常忙到没空顾及她的情感需求，而他认为他这样忙都是为了他们共同的美好未来，她应该能够理解。

起初，她只是在心里暗暗猜测他的动向，忍不住的时候就会给他打电话，听听他的声音就满足了。慢慢地，她觉得如果他爱自己的话，他应该会明白她的心思，明白她的思念、牵挂、惦记，那么，他应该主动给她打电话汇报行踪，可他一直都没有这么做。她不满，告诉他，他却总是轻描淡写地说：除你之外没有人这样傻，我怎么会去找别人？她很愿意相信他的话，她知道如果她完全信任他，会减轻很多痛苦，但是她觉得自己做不到，酸味总会不自觉地从心底里翻出来。

见到他的机会那么少，逐渐地，她发展到只要一时没有了他的踪迹，比如打手机，无人接听，她就会疑心会有谁勾引了如此优秀的他去，恨不得立马飞到他身边，看看他究竟在哪里，和谁在一起，在做什么。

　　她觉得自己很痛苦，每天都在无尽地天马行空地猜测，以致见到他就忍不住抱怨，听到一丁点儿关于某个女人的消息，她就会胡乱"栽赃"。他，开始的时候会一遍遍地解释，后来听到的次数多了，他说："以后此类事情再不跟你解释了，你不信任我就自己去调查……"

　　她又觉得是不是自己做得不够好，所以惹他厌烦了，于是她想做得更好。他喜欢闲暇看 NBA 放松，虽然她一点儿也不懂，也没兴趣，但还是耐着性子陪他；他在外应酬倦了，有一次无意中说起他喜欢吃他母亲做得很清淡的锅边，她就特地在他出差的时候，乘好几小时的车，到他母亲那里学做锅边，当她端上一碗飘着葱花虾皮黑木耳丝的锅边时，看着他吃惊的目光，她深感惬意——她的心思全都在他身上，还有谁会比她对他更好？

　　可是，有一次，他却对她说：你不要再这样对我啦！这次轮到她诧异了。他说：我爱的是你自己，是原先那个有个性的你，而不是我自己的影子。

　　原来，对方爱的是有个性的自己，而不是对自己紧紧相随的影子。那么，爱他，就保持距离，保留自己。

活出自己的精彩

起初，母亲是她的榜样——起早贪黑，赡养老人，抚育孩子，任劳任怨，工作家庭两不误。父母偶尔也会大声说话，但他们一辈子相濡以沫，谁也没有离开过谁。

她想，自己要求不多，不求轰轰烈烈的爱情，也只要这样一种陪着慢慢变老的幸福——像父母那样。只要她付出母亲的辛劳，这种常人的幸福是一定会得到的。

婚后，老公对她不错。渐渐地，他们有了房子、孩子、车子，生活顺风顺水。老公工作越来越好，收入足够养活他们一家，她虽然没有辞去工作回家做全职太太，但是也不太把工作放在眼里。她放弃了很多机会，为的是老公回家时饭菜齐全，孩子也有人照顾。

不知道什么时候开始，老公常常晚回家，回家了与她也少有交流。她问他答，不问就不答。她以为那是由于工作过于繁忙，那可是为他们一家子忙活呢，她怎么好再去烦他？

等迟钝的她感觉到这种变化的时候，他口袋里另一部手机已经贴身存在半年多了。那一天，他去洗澡，她顺手将他换下的衣裤拿去洗。她摸到了那部手机，打开看到一则短信：斌，想你！那是她丈夫的名字。她还从未这样称呼过他——一直以来，她都是像母亲称呼父亲那样，连名带姓地叫他。

从来想不到的事情竟也发生在她的身上。她该怎么办？哭，闹，找她谈判，与他离婚，利用孩子……瞬间闪过无数的念头，那些一般人惯用的手法能从根本上解决问题吗？能让他的心主动回到她身上吗？她没有把握，她无力地靠在墙上不能动弹。后来，她悄悄地把老公的裤子又挂回卫生间门口，她不想惊动他。她要好好想想哪里出了问题。

　　为什么同样地付出辛劳，父母的婚姻能长久，而她不能？她痛苦地思考，然后得出结论：父母的年代没有太多的诱惑，他们可以携手终老。而她所处的年代，年轻漂亮的女人与兜里有钱的男人互相吸引，到处充斥"小三"、"二奶"、"婚外恋"、"一夜情"，似乎一抓就有一大把。

　　原来，这个时代，勤劳贤惠不是获得幸福、相伴一生的唯一条件。新鲜感，是这个充满诱惑的年代里，女人吸引男人的另一个重要方面。

　　而目前，她太庸常了。她知道，自己需要摆脱那些繁杂琐碎，令她变成烟火女人的家常事的羁绊，活出自己的风采与魅力。

　　对他，她既不跟踪追击，也不搜查探寻，宽容到令人难以置信。她也不再守着灶台盼他下班。她认真地为自己生活着：工作、音乐、旅游、健身、阅读、绘画……

　　一年半以后，他厌倦了"小三"的贪婪与约束，激情渐渐平息，他要回头。他的注意力开始转回到她身上，他发现她的身段变得婀娜，她的容颜更加美丽，她原先牺牲自我而受到压抑的才华得到了很大程度的发挥，她的成就令他惊异。最令他受不了的是他发现她竟拥有了自己的生活空间，对她来说，他变得可有可无……

　　一次，散步，他怕她跑掉似的一定要挽着她的手，她心里暗笑：他是真心诚意要对她好。她成功了！

爱，需要有控制的付出

小雯是个心软的痴情女子，和男朋友谈恋爱不久就在他的央求下和他同居了。

那时候，男朋友的鲜花巧克力常常送到办公室来，惹来不少艳羡的目光，她得到爱情的滋养，享受着男朋友的呵护，心情很好，走路都像只小蝴蝶飞来飞去。单位聚餐或者外出活动她都不参加，都要留在家里陪伴男朋友，为他洗衣做饭，尽情享受二人世界的甜蜜。

办公室里刚离婚的王大姐常常在背后说："现在好不是真的好，关键要看以后对她怎么样。"大家听了，私下里觉得她这是在嫉妒小雯，自己得不到便说葡萄都是酸的，因此都只是一笑而过。

后来小雯辞职了，有同事在街上遇到她，她说为了能和男朋友买到自己的房子，她听男朋友的话跳槽到外企工作，收入颇丰。不久，听说她男朋友买房子，首付的三十几万是她出的，很多人羡慕她的能干。

王大姐常常意味深长地说："小雯真痴心，她为男朋友付出了所有，不懂得他能不能消化得了？"大家都觉得她的语气酸得可以。

春去秋来，几年过去了，好几个和小雯同时进单位的同事都结婚了，却一直没有传来小雯要结婚的消息，按理说她的房子早已买了，装修了，入住了，早该结婚了。

过了春节，开假了，一天，小赵在办公室读报纸，读到一则情感倾诉：一个女孩说她为男朋友付出一切，甚至拿出所有积蓄付了买房子的首付。

而男朋友照各种理由推托，迟迟不肯与她结婚，除夕那天，他居然毫无预兆地对她说：请你离开我的家，我准备辞旧迎新；我是男孩子，房子对我很重要，如果你离开，我愿意给你三万块作为补偿。而她觉得自己还爱着他，她不愿离开，希望他能回心转意。现在她不知道自己是不是该安静地走开，还是留下来和他大闹⋯⋯

小赵说："你们看，这个女孩子好像小雯啊。"

"其实，她就是小雯。"一直和小雯保持联系的阿虹在一旁说。

王大姐说："我早就讲过，小雯太痴情了，她付出了所有，现在还有什么能够付出？那个男孩子还需要她付出什么来吸引他？"

是呀，恋爱中的女子付出感情、付出金钱都无可厚非，可别一有什么都想给他，最后落得自己一无所有。

爱，需要付出，也需要有控制地付出，无论精神和物质上，都应该为自己留下一张底牌。

第八章

管住自己浮躁的心

对内接受自我，对外控制行动

我们内心的想法具有不可操纵性，每个人无法控制自己何时何地会出现何种想法，当出现与自己本意相违背的想法时，不要着急着第一时间去否定它，驱赶它，因为越是这样，越会强烈刺激大脑释放多巴胺，反复强化，造成与自己意志相反的结果。

试着坦然接受不好的想法，比如：这种讨厌的想法又来了，真是让人心烦。不过，这是不受自我控制的思维运作方式，实际生活中并不会影响什么。记住千万不要对自己说：太糟糕了，倒霉的事情会发生在我身上，我没办法改变什么。

我们每天都面临自控力挑战，有些是具有普遍性的。比如，由于我们的生理本能，我们喜欢甜食、油炸烧烤食品、重口味食品，我们知道那是不健康的饮食，我们需要克制自己对它们的欲望。否则，我们不仅会吃"穷"，还会吃胖、长痘，以及出现各种损害身体健康的问题。比如，我们得到一个任务，我们会觉得麻烦，懒得去完成，拖拖拉拉，其实我们心里明白，这个任务必须自己来完成，拖到最后也得熬夜去做，做得仓促和熬夜的后果我们也都明白。比如，我们睡懒觉，不愿意起床，虽然心里一直在提醒自己：下一分钟就起来。可是，下一分钟，再下一分钟，源源不断的"下一分钟"，还是没有起床，难道我们心里不知道早起可以多做很多事情，可以让我们拥有更多成功的体验吗？比如，我们打开电脑就上购物网站，一遍遍地浏览，明知每天吃穿都有限，还是忍不住一遍遍地看；或者刷微信、微博，明知这是在浪费时间，如果把这时间利用起来，我们可以做更多有意义的事，可还是控制不住自己……

这些自控力挑战可能是我们要逃避的事（称为"我要做"的自控力挑战），也可能是我们想改掉的习惯（"我不要"的自控力挑战），也可以是我们愿意花更多精力去关注的重要生活目标（"我想要"的自控力挑战）——无论这个目标是改善健康、管理压力、磨炼技能还是拓展事业，集中注意力、拒绝诱惑、控制冲动、克服拖延都是非常普遍的人性挑战。

提高自控力的最有效途径在于弄清自己如何失控，为何失控。意识到自己有多容易失控，并非意味着你是个失败者。相反，这将帮助你避开自控力失效的陷阱。过分自信自己意志坚定的人，更容易失控，因为他们觉得自己能控制一切，即便身陷各种诱惑中，也能够轻而易举脱身。于是，并不抵制诱惑的出现，也就是将自己置于更多的诱惑中，结果是在陷入困境时更容易放弃。

要明白，某些行为虽不完美，却是人之常态。每个人都在以某种方式抵制诱惑、癖好、干扰和拖延。这不是个体的弱点或个人的不足，而是普遍的存在，是人所共有的状态。

了解这一切后，更重要的是，我们要寻找改变的方法，避免将来犯同样的错误。

心理学上，有一个"21天定律"。任何一种不良的行为都是一种习惯，一种坏习惯。一个人一天的行为中大约只有5%是属于非习惯性的，而剩下的95%的行为都是习惯性的。足见习惯的力量。一切的想法，一切的做法，最终都必须归结为一种习惯，这样才会对人的成功产生持续的力量。

如果你想改变自己不良的行为习惯，成为一个有自控力的人，那么，尝试一下"21天定律"。

将正确的想法行为重复21天，就会变成习惯性想法行为。习惯的形成大致分三个阶段：第一阶段：1—7天左右。此阶段的特征是：刻意，不自然。你需要十分刻意提醒自己改变，而你可能也会觉得有些不自然，不舒服。第二阶段：7—21天左右。不要放弃第一阶段的努力，继续重复，跨入第二阶段。此阶段的特征是：刻意，自然。你已经觉得比较自然，比较舒服了，但是一不留意，你还会恢复到从前。因此，你还需要刻意地提醒自己改变。第三阶段：21—90天左右。此阶段的特征是：不经意，自然。其实这就是习惯。这一阶段被称为"习惯的稳定期"。一旦跨入此阶段，你已经完成了自我改造。这项习惯就已成为你生命中的一个有机组成部分，它会自然而然地不停地为你"效劳"。

我们要善于发现自己不足，然后有计划地为自己塑造好习惯的行动。成功是因为养成好习惯，一旦养成了成功者身上特有的好习惯，你会发现自己拥有了足够的自控力，那时候，你想不成功都很难。

控制住浮躁的心

　　外出晨练，经过一处林深树茂的地方总会听见一个低沉的男中音短而快地说一个词，然后，一只鸟儿跟着快速地叫一声"嗒嗒"或是"喳喳"。因为距离远，我从来没有听清楚那鸟儿说的是什么话。心里想：一定是一个鸟迷养了一只鹦鹉或者八哥之类的鸟，每天早晨出来遛鸟，同时教它学说话。

　　一天早晨，又听见那"嗒嗒、喳喳"的声音不绝如缕，忽然多事地想去看看那究竟是一只什么鸟，就顺着声音传来的方向走去。前面有一小片空地，摆着蓝色的塑料桌椅，一个中年男子和一个十二三岁的漂亮小姑娘并排坐在一起，我尽目力看也没有发现什么鸟。他们看到我这个陌生人闯入，呆了一下，接着中年男子又低下头，指着面前一本"看图识字"类的书读着："仙人掌。"那女孩跟着读一句，发出的声音却正是我每日听到的那种"鸟语"，中年男子一遍遍地讲，女孩一遍遍地跟，总还是那种"喳喳"的声调，我认真听，开始听出一点儿"仙人掌"的味道来。十几遍之后，中年男子又读出"仙人掌"的英语单词，女孩仍跟着读。我明白了，原来他在教一个哑女学讲话。

　　忽然，男子抬起手来，女孩大约以为自己学得不够好惹来他的怒火，惊恐地一闪，男子却是抬手轻轻拂去落在女孩头发上的一只小虫子，然后继续低下头指着那"仙人掌"读英语给女孩听。那一刻，我被这充满温情的场面感动得呆住了。

　　回想自己，每次儿子求我讲个故事，求了很久，我就应付地读一篇最短的儿歌给他听，一读完，我就不耐烦地把书一丢，说："找你爸爸去。"或者"跟外公玩吧"。然后自己上网玩去了，他在一旁使劲央求："妈妈，妈妈再给我讲一个故事吧。"我就是不理睬。有时候，儿子会稚声稚气地问："妈妈，你为什么没有耐心呀？"我总是生硬地说："妈妈就是没有耐心！"

　　面前的这位男子，我猜他一定是女孩的父亲，不知道他教女儿已经花了多少的时间，将来还要花多少时间，而他似乎一直都是那样很有耐心地，一遍又一遍，一个词又一个词地教着。面对他，我感到深深的惭愧。

　　生活中，我们常常想当"速效救心丸"，只想做马上见到成果的事，而教育，是细水长流，一天两天，一周两周，一月两月，一年两年……都未必能见到成效，控制住自己浮躁的心，多一点儿耐心，多一点儿等待给孩子。或者，孩子会有出人意料的回报。

　　记得有一年初夏，经过公园，那儿，成片的凤凰花开得正艳。盛夏，葱翠的树叶代替了娇艳的花朵，也长得异常繁茂。夏末，再次经过那里，却发现，满眼蓊郁中居然又有极少量红色的花儿夹杂其间。虽然花期已过，但尚未绽放过的凤凰花不甘心就此被绿叶埋没，她依然会在人们意想不到的时间展现自己的风采，而且，万绿丛中一点红，更加鲜艳夺目。

　　一个熟人一直抱怨她的孩子长到2岁了，还未开始说话，与周围邻居、同事的孩子相比，明显语言智能发展迟缓，这让她担心自己的孩子是不是智力低下。那孩子在2岁1个月的时候，终于开口说话了，一说话，就以超越正常儿童语言发展的速度进步，每有熟人来访，都吃惊于他学习语言的能力。

一位朋友相当聪明，每天都会想出很多的点子来帮助别人、服务自己的工作，获得领导、同事、下属的好评，但是他的孩子做事情磨磨蹭蹭，常被老师批评，成为很多家长的反面教材，有人借题发挥：虽然我孩子学习不够好，让我生气，但是看看他的儿子，我就很感安慰了。幸亏这位朋友智商高情商也高，不以为意，有一次听他闲聊：我儿子虽然作业做得慢，但是他都会做，只是速度问题，这一点像我，我小时候也是这样，反应迟缓，做事拖拉，被人称为"笨熊"，16岁那年，因为一堂数学课被老师点名起来回答问题，忽然开窍，所以，我会耐心等着儿子开窍的那一天。

一个女孩，小时候反应迟钝，作业也做得相当慢，考试经常不及格，父母老师的表扬都与她不沾边。她自卑胆小内向，与人相处时，脑子总是一片空白，多数时候一整天都说不出一句话。30岁的时候，她忽然心血来潮，写了一篇文章寄给报社，没想到，隔两天竟发表出来，从此爱上写作，一发不可收拾，几年间发表数百篇长长短短近百万字的文章。慢慢地，她说话不再需要打草稿，而且越来越流畅。后来，竟有人佩服她的口才了。

每一种花，遗传基因的不同，决定了它是国色天香的牡丹，还是清香宜人的茉莉；是常开不败的三角梅，还是转瞬即逝的昙花；每一朵花，承受的阳光雨露不同，决定了它的花期或长，或短；或盛开于春夏，或怒放于秋冬。

2岁1个月开始说话不算晚，16岁开始懂事不算晚，甚至30岁开窍也不算晚。

　　是花，总有盛开的时候，即使花季已过，也会在合适的时机绽放这一生最明艳的美丽；是正常人，总有开窍的一天。因此，控制住浮躁的心，不要急于拔苗助长，只需提供足够的养分，然后静静等待，就像守候一朵花的悄然开放……

年华老去，做与年龄相称的事

大程是某大型企业的管理人员，收入颇丰，常年在外应酬，特别喜欢那灯红酒绿的花花世界。大程与发妻婚后育有一子。他对妻子、对家庭，缺乏应有的责任感。将儿子扔给年迈的父母照顾，儿子的成长过程他从来都不闻不问，遇到关键问题，比如儿子读书、报考，他总是一句话："你二叔是搞教育的，问他去。"

老一辈瞧孙子可怜，难免溺爱。于是在祖父母的过度关怀下，孙子变得娇生惯养，贪玩且不爱学习。先是逃学去网吧，见大家拿他都没奈何，就在泥淖中越陷越深，后来发展到极致——但凡有人劝他珍惜时间好好学习，他便以死相威胁，搞得大家都没有办法。

大程的身边总是流连着一些年轻的女人，妻子痛心、失望，看到凭一己之力已无法力挽狂澜，最终绝望，便离婚遂了他的心愿。

大程55岁那一年，找了一个小他近30岁的女人，两人组成一个新的家庭，大程的生命焕发了青春，在新任妻子的管教下似乎收敛了许多，不久又生了一个儿子，此后，大程就完全放弃了大儿子。

大儿子初中没有毕业就辍学，在社会上流浪两年，忽然回心转意说要读书。他的二叔，见他有此愿望深感欣慰，急忙动用自己的关系，帮他联系了一所职业学校，半年时间，花了1万多块钱以后，这个侄儿忽然又说不想读书了，全家人批评他，他便偷偷拿了祖父的钱，然后如一滴水遁身社会的汪洋大海中，找不到了。

几个月后，他再次出现在大家面前，他说想去参加大专的自学考试。二叔看他很有决心，又花费心思，替他联系到合适的学校。这一次，他似乎下定决心要好好学习，但是考过六门之后，他回家说："不想考了，太难了。"祖父要他继续学下去。他故技重施："再逼，我就去死！"

在家停留了半年，他说想去学动漫，学费大约要 2 万。他去找大程，不料他老子一句话："找你二叔去！"便将他打发了。二叔看着这个不争气的侄儿，说："我可以给你 2 万块钱学动漫，但前提条件是你必须先将自考那些科目考完。"他侄儿听完，转身就走……

说起他的哥哥，二程无限感慨："我哥的大儿子几乎是'废'了，小儿子还那么小，他自己虽然这辈子过得比较风光，但现在快要退休了，后面烦恼的事情多了。我和我妻子虽然都只是普通教师，但是我们一直都很努力工作，现在孩子名牌大学毕业，有一份好工作，也有了女朋友。我现在没有什么负担，闲暇就种种花，养养鸟，玩玩乐器，过自己想要的生活，我感觉很惬意……"

临别之际，他的最后一句话给我留下了极深的印象："人啊，行事为人当与年龄相称，要控制住向往奢靡的心，不要为眼前的浮华，透支了后半辈子的幸福。"

戒除"本能"反应，以孩子的方式处事

与老公约好，我买菜做饭他洗碗，可他却总是丢三落四，不是少洗一只碗一个碟子一把铲子，就是忘记擦桌子。起先，我还动手帮着他完成扫尾工作，后来见他一贯如此，就忍不住要指责他：偷懒；从小养成的坏习惯；不要老是指望我；哪天我不在家怎么办……

一天晚上，吃过晚饭，他依然不擦油腻腻的桌子就坐到了电脑前，我开始唠叨。起先他充耳不闻，后来反应过来，说："忘记了，等一下再去擦桌子。"我感觉自己无数遍的说教都不起作用，忍不住火冒三丈，而他也听厌烦了，于是恶语相向。

这时，却见小小的儿子跑进厨房，拿块抹布，爬上他自己的餐椅，在桌子上抹起来……

看着儿子忙碌的小小身影，我的心就像一个快要爆炸的火药桶一下子被一盆凉水浇熄了，我们停止了争吵。原来，钻进了牛角尖，靠争吵无法解决的难题是可以这样轻松地化解的。

另一个周末，在家闲坐着看书，隔壁曾发生过毒气泄露事件的一家单位的烟囱忽然"轰轰轰"地响了几声，而后烟囱冒黑烟并排出难闻的气味。老公开始发牢骚："这么臭，肯定会中毒的，看样子他们是不会搬迁，长期住在这里还真不行，什么时候再发生毒气泄漏我们都不知道……"

此刻，已经能闻到臭味了。我说："赶快想办法买房子吧，但是儿子读书，我们工作都在这附近，能搬到哪里去？再说，现在市区内基本上已经

没有我们可以买得起的房子了，房价什么时候才会降下来呀！"

老公说："股市跌了，深度套牢，哪还有钱买房子？"

"越来越臭啦，真受不了，快搬家吧！"我捏着鼻子大叫。

"就算真搬家也不会这么快！"老公回答。

感觉又进入了死胡同，一筹莫展，无计可施。

这时候，儿子从玩具角站起来，迅速推上阳台的两扇玻璃门，然后又跑回原处坐下，继续玩他的玩具。

臭气被关在外面了！不臭了。我们面面相觑，讨论了那么多空中楼阁般的方案，怎么就没有想到只要把门推上，就能暂时解决当前的大难题？

小时候，我们曾觉得这世界黑白分明，解决问题的方法也都简单明了，从什么时候开始，这世界变得复杂了，难题也越来越难解了？

其实，变化太快太复杂的不是世界，而是我们的心。只要拥有孩子那样玲珑剔透的纯真心，很多事情处理起来也一定会简单得多！

管住自己迫切想发言的嘴

那还是属于寻找恋爱感觉的时代，没有赤裸裸的生理饥渴和直奔主题的物质需求。

那时候，她很腼腆，他也内向。二人在一起常沉默，半晌发呆，心里拼命想话题，忽然她开口了，而他，正好也想到一个话题，于是两人几乎同时讲话。然后，相视一笑，她说："你先讲。"他说："你先讲。"他们都很贪婪地想知道对方的一切，想听对方说，最好能够从出生的第一天一直讲到他们相识的那一天——这便是爱吧？

后来，携手走进共同的家庭。他忙，忙工作；她也忙，忙完工作还要忙照顾孩子，做家务，日复一日，没完没了。晚上，他下班了，她做完晚饭，大家往饭桌边一坐，一家人开始吃饭。这是他俩一天中难得的交集，她跟他说工作上的事、买菜做饭的事、孩子教育的事……

他听了一会儿，不耐烦地说："这些都是小事，都不算什么啦。我烦恼的事情才多呢。"他开始讲他工作上遇到的难题，讲套在股市里的那一大笔家庭财产，然后，批评孩子不乖……

她对他说的话也没有兴趣。她说："你先听我讲嘛。"他反对："我先讲。"针锋相对，谁也不让谁。她叹口气，说："想不到，你会变得这么多话。"他说："你也是。"不欢而散。

从"你先讲"到"我先讲"，是从恋爱到婚姻，从新鲜到习惯，从全心爱对方回归全心爱自己的一个过程。

　　因为心中有爱，所以用笑容支持"你先讲"。当熟悉到懒得看对方一眼，懒得听对方一言的时候，那"爱"已发生质变。要回到当初恋爱之"爱"，是不可能的，围城里的男女，只有愿意倾听，才能以宽容和尊重构筑婚姻之"爱"的那堵牢不可破的围墙。

退一步再前进

　　一个年轻人坐在公园的椅子上，眼里一片空蒙，他刚刚失去他所拥有的一切财富。

　　回忆七年前，刚走进大学校园的他就一直在努力，他不再要父母亲从地里刨食得来的那一点点钱，他从做家教、卖报纸、到各个寝室推销各种"卡"开始，到后来在校园的围墙外面开了一家多功能休闲吧——他在大学校园里就掘到了人生的第一桶金，不仅解决了自己的学费和生活问题，还能帮助家里的弟妹继续求学，为此他放弃了任何一次恋爱的机会，因为他根本就没有时间。

　　三年前，从大学毕业，他和同学合作成立了自己的贸易公司。他相信自己的能力，他完全依靠自己打拼，他成功了，完全地白手起家，年少而多金。他的野心越发地大，他把自己的触角伸到了许多领域，与他合作的同学多次规劝，他屡屡不听，觉得同学缺乏魄力，甚至成了自己的绊脚石，最后两人撕破脸，各奔东西。

　　他成了"头儿"，公司里所有的人都要听他的，没有人敢提出反对意见。终于，在一次极为冒险的投资中，他失败了，公司平时隐而未现的危机全面爆发，他一败涂地，无法挽回。他忽然觉得自己的能力全然消失，甚至没有勇气面对这座熟悉的城市，他害怕任何一张熟悉的面孔，他选择走，他只能远远地离开。

　　这么多年的努力和辛苦全都白费，他无力地把头深深地埋在支撑于膝盖上的双掌中，周围欢快的声音听起来全都那么刺耳。

"宝宝，过来，骑快一点儿，慢一步你就骑不动了。"一个悦耳的女声就在离他不远的地方响起，这话多像是母亲曾经对他说过的呀。

忽然，耳际似乎有一个声音在提醒他：生意场上，慢一步就不能前进。

他抬起头向那边看去，一个年轻的母亲蹲在离她骑童车的儿子几米远的地方指导她的孩子，小小的孩子骑着一辆崭新的童车，看样子是第一次学骑车，双脚使不上劲儿，很费力地蹬上半步，前进半个车轮，又停顿下来。

"妈妈，你来推我一下吧。"小孩子着急地叫着。

"宝宝，"年轻的母亲并没有站起来帮他推，她继续说，"暂时不能前进也没有关系，你可以试着退后一步，蓄足力量再用力蹬，就能再前进了。"

孩子的脚踩着踏板退了一步，然后靠着那股后退的力使劲一踩，车子又能前进了，他开心地笑了。

退一步再前进？年轻人的心猛地一跳。退一步，他还有什么？对了，他还年轻，有大把的时间，有健康的身体，有支持他的弟妹，还有告诉他回家总有一碗饭吃的父母，他觉得自己还应该捡起过去曾有过的一颗谦虚的雄心。有了这些，何愁没有机会东山再起，重新成功？